測定における不確かさの表現のガイド

[GUM]

ハンドブック

編集委員長 今井 秀孝

日本規格協会

編 集 委 員 会 委 員 名 簿

編集委員長

今井　秀孝 *† 　国立研究開発法人産業技術総合研究所　計量標準総合センター

編集主査

榎原　研正 *† 　国立研究開発法人産業技術総合研究所　計量標準総合センター
小池　昌義 *† 　国立研究開発法人産業技術総合研究所　環境管理研究部門

編集委員

上野　博子　　一般財団法人化学物質評価研究機構　東京事業所　化学標準部
佐藤　恵子 * 　一般財団法人日本品質保証機構　計量計測センター
田中　秀幸 *† 　国立研究開発法人産業技術総合研究所　計量標準総合センター
中村　毅洋 * 　日本電気計器検定所　事業開発室
山澤　一彰 † 　独立行政法人製品評価技術基盤機構　認定センター

*　　TS Z 0033:2012（第Ⅰ部収録）原案作成に参画.
†　　第Ⅱ部の執筆担当.

（五十音順，所属等は執筆時）

は じ め に

「もの」や「事象」に関しては，その質（quality）や量（quantity）を何らかの手段により評価・判断することが日常的に実施されており，そのよりどころについての定式化とルール作りが国際的に求められて，国際単位系（SI）・計量標準（measurement standard）に関わる取決めや国際規格・ガイド（document standard）の整備が進められている.

計量標準分野では，1999 年に署名が開始された，メートル条約のもとでの CIPM の相互承認協定（CIPM-MRA）への参入が軌道に乗り，その結果が計量標準の国際基幹比較データベース KCDB として公開されている（https://www.bipm.org/kcdb/）. また，適合性評価分野ではマネジメントシステムの充実と技術能力の文書による評定が ILAC-MRA として促進されている. さらに，法定計量の分野では OIML-MAA としての相互承認が開始されている. いずれも目指すところは同一である. これらの文書に必要なことは，客観性，透明性，公平性であり，具体的には量の種類，測定範囲，測定方法・装置，計量計測トレーサビリティ，並びに測定不確かさの記述である. また，対象となる専門分野が従来の物理，電気，法定計量だけでなく，化学，生物，臨床医学，食品科学，さらには気象・環境分野へと急速に広がってきていることに注目すべきである. このような動きは，基盤となる計量計測の基礎標準を確保して，それらをさらに多くの分野に共通する標準として拡張するとともに，ISO や IEC の規準文書の作成に国際的な関心が注がれている.

日本規格協会では，測定不確かさの評価・表現の方法に関する国際文書である ISO/IEC Guide 98-3（GUM と同等）の翻訳文書として TS Z 0033 を 2012 年に発行した. TS は最長 6 年の有効期限を伴う標準仕様書であり，その後は失効する. TS Z 0033 は，発展的に JIS として制定されるに至らなかったため，その内容を収録し文書として残すこと，及び関連文書について解説することを目的として編集したものが本書である.

本書は 2 部構成で，GUM に基づく不確かさ評価が測定の信頼性を評価する国際的なルールとなっていることを認識して，幅広い活用を意図して編集した．本書が広い分野の多くの読者の手助けとなれば，編集者・執筆者一同の喜びである．

2018 年 6 月

今井　秀孝
編集者・執筆者一同

略 語 一 覧

本書で用いられる重要な用語についての略語一覧を以下に示す.

■ 国際文書関連

- JCGM：Joint Committee for Guides in Metrology
  計量計測に関する国際合同委員会. 現在は GUM 及び VIM とこれらの関連文書の編集に当たっている. 8 国際組織で構成されており，事務局を BIPM に置く.
- GUM：Guide to the expression of Uncertainty in Measurement（ISO/IEC Guide 98-3: 2008）.
  測定における不確かさの表現のガイド. 2012 年 6 月に，標準仕様書 TS Z 0033:2012 として，翻訳版が日本規格協会から発行された（本書に収録）.
- VIM：International Vocabulary of Metrology – Basic and general concepts and associated terms（ISO/IEC Guide 99:2007）.
  国際計量計測用語―基本及び一般概念並びに関連用語. 2012 年 6 月に，標準仕様書 TS Z 0032:2012 として，翻訳版が日本規格協会から発行された.
- SI：International System of Units
  国際単位系
- BIPM：Bureau International des Poids et Mesures（仏語表記），International Bureau of Weights and Measures（英語表記）
  国際度量衡局 〈http://www.bipm.org〉
- IEC：International Electrotechnical Commission
  国際電気標準会議 〈http://www.iec.ch〉
- IFCC：International Federation of Clinical Chemistry and Laboratory Medicine
  国際臨床化学連合 〈http://www.ifcc.org〉

6

- ISO：International Organization for Standardization
  国際標準化機構 〈http://www.iso.org〉
- IUPAC：International Union of Pure and Applied Chemistry
  国際純正・応用化学連合 〈http://www.iupac.org〉
- IUPAP：International Union of Pure and Applied Physics
  国際純粋・応用物理学連合 〈http://www.iupap.org〉
- OIML：International Organization of Legal Metrology
  国際法定計量機関 〈http://www.oiml.org〉
- ILAC：International Laboratory Accreditation Cooperation
  国際試験所認定協力機構 〈http://www.ilac.org〉

■ 計量計測に関連する主な略語

- CGPM：General Conference on Weights and Measures
  国際度量衡総会
- CIPM：International Committee for Weights and Measures
  国際度量衡委員会
- MRA：Mutual Recognition Arrangement
  国際相互承認協定
- MAA：Mutual Acceptance Arrangement
  国際相互受入取決め
- NMI：National Metrology Institute
  国家計量標準機関
- JCRB：Joint Committee of Regional metrology organizations and the BIPM
  地域計量組織と BIPM の合同委員会
- CMC：Calibration and Measurement Capability
  校正・測定能力
- APMP：Asia-Pacific Metrology Programme
  アジア太平洋計量計画

・APLMF：Asia-Pacific Legal Metrology Forum
  アジア太平洋法定計量フォーラム
・KCDB：Key Comparison Data Base
  国際基幹比較データベース（BIPM）

■ 国内の主な機関

・NMIJ：National Metrology Institute of Japan
  計量標準総合センター．国立研究開発法人産業技術総合研究所の工学計測
  標準研究部門，物理計測標準研究部門，物質計測標準研究部門，分析計測
  標準研究部門，計量標準普及センター，研究戦略部から構成される日本を
  代表する国家計量標準機関．
・AIST：National Institute of Advanced Industrial Science and Technology
  国立研究開発法人産業技術総合研究所．エネルギー・環境，生命工学，情
  報・人間工学，材料・化学，エレクトロニクス・製造，地質調査，計量標
  準の7分野の研究を行う我が国最大級の公的研究機関．
・NITE：National Institute of Technology and Evaluation
  独立行政法人製品評価技術基盤機構．認定センター（IAJapan）を含む公
  的組織．
・JEMIC：Japan Electric Meters Inspection Corporation
  日本電気計器検定所
・JAB：Japan Accreditation Board
  公益財団法人日本適合性認定協会
・CERI：Chemicals Evaluation and Research Institute, Japan
  一般財団法人化学物質評価研究機構
・NICT：National Institute of Information and Communications Technology
  国立研究行政法人情報通信研究機構
・JQA：Japan Quality Assurance Organization
  一般財団法人日本品質保証機構

8

・JISC：Japanese Industrial Standards Committee

日本産業標準調査会．経済産業省内の審議会で工業標準化全般に関する調査・審議を行っている．

・JSA：Japanese Standards Association

一般財団法人日本規格協会

9

目　　次

はじめに　3

略語一覧　5

第 I 部　TS Z 0033　測定における不確かさの
表現のガイド ·······················13

──────────────── TS Z 0033 ─

序文 ··17

1　適用範囲 ···20

2　定義 ···22

2.1　一般計測用語 ··22

2.2　用語"不確かさ" ··22

2.3　この標準仕様書に特有の用語 ·······························23

3　基本概念 ···25

3.1　測定 ···25

3.2　誤差，効果及び補正 ···26

3.3　不確かさ ··28

3.4　実際上の考察 ···31

4　標準不確かさの評価 ··33

4.1　測定のモデル化 ···33

4.2　標準不確かさのタイプ A 評価 ·······························36

4.3　標準不確かさのタイプ B 評価 ·······························38

4.4　標準不確かさの評価のグラフによる説明 ···············45

5　合成標準不確かさの決定 ··50

5.1　相関のない入力量 ··50

5.2　相関のある入力量 ··54

6　拡張不確かさの決定 ··57

6.1　はじめに ··57

6.2　拡張不確かさ ···58

6.3　包含係数の選択 ···59

10

7 不確かさの報告	60
7.1 一般の手引き	60
7.2 特別な手引き	62
8 不確かさの評価と表現の手順のまとめ	65
附属書A 作業部会及びCIPMの勧告	67
附属書B 一般計測用語	70
附属書C 基礎統計用語及び概念	79
附属書D "真の"値,誤差及び不確かさ	91
附属書E 勧告INC-1(1980)の動機と基礎	98
附属書F 不確かさ成分の評価のための実際の手引き	110
附属書G 自由度及び信頼の水準	126
附属書H 事例	142
附属書J 主な記号の解説	183
参考文献	189

編集注 193

第Ⅱ部　誤差から不確かさへ
── 不確かさアプローチ概説 195

第1章　GUM・VIM の発展
── JCGM の活動とその背景 ....(今井, 榎原, 小池) 197

1.1　誤差評価から不確かさ評価へ 197

1.1.1 測定における不確かさ評価の必要性 197

1.1.2 測定のトレーサビリティと信頼性の表現 199

1.1.3 従来の誤差評価の問題点 201

1.1.4 国際計量計測用語(VIM)の進化 205

1.1.5 誤差アプローチと不確かさアプローチ 211

1.1.6 国際的に求められる不確かさの評価 213

11

1.2 不確かさアプローチとその背景 ……………………………………… 216

　1.2.1　GUM 及び関連文書の編集 ……………………………………… 216

　1.2.2　標準不確かさのタイプ A 評価とタイプ B 評価 ………………… 216

　1.2.3　測定モデルと不確かさの合成 …………………………………… 218

　1.2.4　不確かさ評価の流れ ……………………………………………… 219

　1.2.5　国際計量計測用語（VIM）との連携 …………………………… 222

　1.2.6　今後発行予定の JCGM 文書 …………………………………… 223

第 2 章　GUM に関わる JCGM 文書の紹介 ……………… 225

2.1　JCGM 101:2008

　　（ISO/IEC Guide 98-3/Supplement 1:2008） ……………（田中）226

2.2　JCGM 102:2011

　　（ISO/IEC Guide 98-3/Supplement 2:2011） ……………（榎原）229

2.3　JCGM 104:2009

　　（ISO/IEC Guide 98-1:2009） ………………………………（小池）233

2.4　JCGM 106:2012

　　（ISO/IEC Guide 98-4:2012） ………………………………（山澤）237

付　　録　GUM に関連する情報源の紹介 …………（山澤）243

第 I 部

TS Z 0033
測定における
不確かさの表現のガイド

以降に収録する TS Z 0033:2012 は，ISO/IEC Guide 98-3:2008 を基に，技術的内容及び対応国際規格の構成を変更することなく作成された標準仕様書（TS：Technical Specification）である．

まえがき

　この文書は，工業標準化法第3条の規定に基づき，日本工業標準調査会の審議を経て，経済産業大臣が公表した標準仕様書（**TS**）である．

　この標準仕様書（**TS**）は，著作権法で保護対象となっている著作物である．

　この標準仕様書（**TS**）の一部が，特許権，出願公開後の特許出願又は実用新案権に抵触する可能性があることに注意を喚起する．経済産業大臣及び日本工業標準調査会は，このような特許権，出願公開後の特許出願及び実用新案権に関わる確認について，責任はもたない．

〈原本のまえがき〉

　計量計測分野の世界的な最高権威である国際度量衡委員会（**CIPM**）は，計量計測における不確かさの表現についての国際的な合意がないことを認識し，1977年に，国際度量衡局（**BIPM**）に対し，各国の国立標準研究所と連携して，この問題を提起し，勧告を作るよう要請した．

　BIPMは関連の問題を網羅する詳細な質問書を作成し，この課題に関心をもつと思われる32の国立計量研究機関に（また，情報提供のため，五つの国際機関に）これを送付した．1979年初めまでに，21の研究所から回答が寄せられた[1]．そのほとんどが，測定の不確かさを表現し，そして不確かさの個々の成分を一つの総合不確かさに合成するための手順について，国際的な合意に達することが重要であると考えていた．しかし，採用すべき方法についての合意は明瞭でなかった．そこで，**BIPM**は，不確かさを確定するための，同一で広く受け入れられる手順に到達することを目的に，一つの会議を招集した．この会議には11の標準研究機関の専門家が出席した．この不確かさの表記に関する作業部会は実験の不確かさの表現に関する**勧告INC-1**（**1980**）[2]を提示した．**CIPM**は，この勧告を1981年[3]に承認し，1986年[4]に再確認した．

作業部会の勧告（詳細な規定というより，簡潔な概要である．）を基に詳細なガイドを作成しようという作業が，**CIPM** から国際標準化機構（**ISO**）に照会された．それは，**ISO** が産業及び経済のより広い関心によって生まれるニーズをよく反映させることができるためであった．

こうして，この仕事の責任は **ISO** の計量計測に関する技術諮問グループ（**TAG 4**）に課せられることになった．それは，このグループが，**ISO** 及び **TAG 4** の作業に **ISO** とともに参加している六つの機関の共通の関心事である，計量計測上の課題に関するガイドラインの作成を調整することをその仕事の一つとしているからである．これらの 6 機関とは，世界的な標準化における **ISO** の協力機関である国際電気標準会議（**IEC**），二つの世界的計量機構である **CIPM** と国際法定計量機関（**OIML**），化学と物理を代表する二つの国際連合である国際純正応用化学連合（**IUPAC**）と国際純粋応用物理学連合（**IUPAP**），及び国際臨床化学連合（**IFCC**）である．

TAG 4 は，**BIPM**，**IEC**，**ISO** 及び **OIML** によって推薦され，また **TAG 4** の委員長によって指名された専門家で構成される第 3 作業部会（**ISO/TAG 4/WG 3**）を設置した．この **WG 3** には次の委任事項が割り当てられた．

不確かさの表現に関する **BIPM** 作業部会の勧告に基づき，標準化，校正，試験所認定及び計量サービスの分野で用いる，計量計測の不確かさの表現に関する規則を与えるガイドを作成すること．

このガイドの目的は，

— 不確かさの表記がどのように達成されたかについて十分な情報を展開すること，

— 測定結果の国際比較のための基礎を提供すること，

である．

〈**2008 年版の脚注**〉この **GUM** の 2008 年版を作成するに当たり，1995 年印刷版に対してだけ必要な訂正が **JCGM-WG1** によってなされている．

標準仕様書（TS）

TS
Z 0033 : 2012
(ISO/IEC Guide 98-3 : 2008)

測定における不確かさの表現のガイド
Guide to the expression of uncertainty in measurement

序文

　この標準仕様書は，2008 年に第 1 版として発行された **ISO/IEC Guide 98-3** を基に，技術的内容及び対応国際規格の構成を変更することなく作成した標準仕様書である．

　なお，この標準仕様書で点線の下線を施してある参考事項は，対応国際規格にはない事項である．

0　序文（訳注：このタイトルは **ISO/IEC Guide 98-3**:2008 を翻訳したものである．）

0.1　ある物理量の測定結果を報告するに当たって，その結果を利用する人がその信頼性を評価できるように，結果の質についての定量的な指標を与えることを義務付ける．このような指標がないと，測定結果は，それら同士でも，また仕様書又は規格が与える参照値とも比較することができない．このため，測定結果の質を特性付けるために，すなわち，その不確かさを評価し表現するために，手軽に実行でき，容易に理解でき，そして一般に受け入れられるような手順が必要となる．

0.2　誤差及び誤差解析は長い間計量計測又は測定の実践の一部であったが，定量化できる属性としての不確かさの概念は，測定の歴史において比較的新しい．既知の又は疑わしい誤差要因を全て評価し，適切な補正を加えたとしても，報告した結果の正しさについての不確かさ，すなわち，その測定の結果が測定した量の値をどの程度よく表しているかについての疑問が，まだ残っていることは，今では広く認識されている．

18   TS Z 0033:2012（ISO/IEC Guide 98-3:2008）

0.3   国際単位系（SI）を普遍的に使用したことがあらゆる科学技術の計測に一貫性をもたらしたように，測定における不確かさの評価及び表現に関する世界的な合意によって，科学，工学，商取引，産業及び規制におけるさまざまな形の測定結果の意義を容易に理解し，また適切に解釈できるようになる．市場が全地球的のこの時代において，不確かさを評価し表現する方法が全世界を通じて同一であることは不可欠であり，それによって異なった国で行った測定を比較することが容易になる．

0.4   ある測定結果の不確かさを評価し，表現するための理想的な方法は，

— 普遍的である：すなわち，この方法があらゆる種類の測定，及び測定に用いるあらゆる形式の入力データに適用できることが望ましい．

　不確かさを表すのに用いる実際の量は，

— 内部一貫性がある：すなわち，不確かさに寄与するいろいろな成分から直接導くことができ，同時にこれらの成分をどのように分類するか，また副次成分に分解するかには依存しないことが望ましい，

— 伝達可能である：すなわち，ある一つの結果に対して評価した不確かさを，その結果を用いる他の測定の不確かさを評価するときの一成分として直接使用できることが望ましい．

　さらに，多くの産業及び商取引への応用では，健康及び安全の分野と同様に，測定の対象となる量に合理的に結び付けられ得る値の分布の大部分を含むと期待されるその測定結果についての区間を定める必要がある．したがって，測定における不確かさを評価し表現するための理想的な方法は，このような区間を，特に現実的に要求するものに相当する包含確率又は信頼の水準を付けた区間をすぐに与えることができるものが望ましい．

0.5   この標準仕様書の基礎となる方法を，**CIPM** の要請に応じて **BIPM** が召集した不確かさの表記に関する作業部会の**勧告 INC-1（1980）**[2]に要約している（まえがき参照）．この方法は，その正当性については**附属書 E** で議論しており，上記の要求事項を全て満たしている．通常用いる他の多くの方法では，このようなことはあてはまらない．**勧告 INC-1（1980）**は **CIPM** が承認

し，**CIPM** の**勧告 1**（**CI-1981**）[3] 及び**勧告 1**（**CI-1986**）[4] として再確認した．これらの **CIPM** 勧告の英語版は**附属書 A**（それぞれ，**A.2** 及び **A.3** 参照）に掲載している．**勧告 INC-1**（**1980**）は，この標準仕様書がよりどころとする基礎であることから，その英語版を **0.7** に，公用語である仏語版を **A.1** に掲載する（訳注：日本語訳では省略した）．

0.6 この標準仕様書では測定における不確かさの評価及び表現の手順を説明するものであるが，その簡潔なまとめを箇条 **8** に収めており，多くの事例を**附属書 H** に詳しく与えている．他の附属書は，一般計測用語（**附属書 B**），基礎統計用語及び概念（**附属書 C**），"真の" 値，誤差及び不確かさ（**附属書 D**），不確かさ成分の評価のための実際の手引き（**附属書 F**），自由度及び信頼の水準（**附属書 G**），この標準仕様書で用いる主な記号の解説（**附属書 J**），及び参考文献を扱う．最後にアルファベット順の索引で，この標準仕様書を完結する（訳注：日本語訳では 50 音順とした）．

0.7 **勧告 INC-1**（**1980**）実験の不確かさの表現

1） ある測定の結果の不確かさは一般に幾つかの成分から成り，これらの成分はその数値を見積もる方法によって二つの種類に分類できる．

  A　統計的方法によって評価するもの，

  B　その他の手段によって評価するもの．

  この種類 A 又は B の分類と，以前から用いている "偶然" 及び "系統" 不確かさの分類との間には必ずしも簡単な対応があるわけではない．用語としての "系統不確かさ" は誤解を招くことがあり，避けることが望ましい．

  不確かさについての詳細な報告は，いずれも，その数値を得るのに用いた方法をそれぞれ明示した各成分の完全なリストから成り立っているべきである．

2） 種類 A 成分は，推定した分散 s_i^2（又は推定した "標準偏差" s_i）及び自由度 ν_i で記述する．必要に応じて，共分散を与えるべきである．

3） 種類 B 成分は，その分散が存在すると仮定したときの，対応する分散と

みなせる量 $u_j{}^2$ によって記述すべきである．量 $u_j{}^2$ は分散と同じように，また量 u_j は標準偏差と同じように取り扱う．必要に応じて，共分散も同じように取り扱うべきである．

4）合成された不確かさは，通常の分散の合成方法を適用して得る数値によって記述すべきである．合成された不確かさ及びその成分は"標準偏差"の形で表すべきである．

5）特別な適用の場合で，合成された不確かさにある係数を乗じて総合不確かさを求める必要があるときには，用いた係数の数値を常に明示しなければならない［訳注：総合不確かさ（overall uncertainty）は，この標準仕様書の中では拡張不確かさ（expanded uncertainty）と定義している（**2.3.5** の**注記 3** 参照）］．

1　適用範囲

1.0A　この標準仕様書は，主として，測定のトレーサビリティを確実にすることが必要な場合に，計量器及び測定器の校正並びに標準物質の値付けにおいて不確かさを評価し，表現するための一般的規則を定めるものである．

1.1　この標準仕様書は，いろいろな精度のレベルでの，また，作業現場から基礎研究までの多くの分野での測定の不確かさを評価し，表現するための一般的規則を定めるものである．したがって，この標準仕様書では，次の目的を含む範囲の測定に応用できることを目指している，すなわち，

— 生産における品質管理及び品質保証の維持，

— 法律及び規定の遵守及び施行，

— 科学及び工学における基礎研究，応用研究及び開発の実行，

— 国家標準へのトレーサビリティを実現するための国家計測体系の全体における標準の校正，機器の校正及び試験の実施，

— 標準物質を含む国際及び国家物理参照標準の開発，維持及び比較．

1.2　この標準仕様書は，本質的にただ一つの値によって特徴付けることができる，定義の明確な物理量—測定対象量—の測定における不確かさの表現につ

いて主に取り扱う．対象の現象をある分布をもつ値として表すか，又は一つ若しくは複数のパラメータ，例えば，時間に依存するものである場合には，この現象の記述に必要な測定対象量は，その分布又はその依存性を記述する複数の量の組となる．

1.3 この標準仕様書は，実験の概念設計，実験の理論解析，測定の方法，複雑な構成要素及びシステムに付随した不確かさの評価及び表現にも適用可能である．測定結果及びその不確かさは概念的で，完全に仮想的なデータに基づくこともあり得ることから，この標準仕様書で用いる用語"測定の結果"（result of measurement）はこのような一層広い文脈で解釈すべきである．

1.4 この標準仕様書は，詳細で，技術に特化した説明書というよりも，測定における不確かさの評価及び表現のための一般的な規則を与える．さらに，この標準仕様書はある特定の測定結果の不確かさを，評価した後，いろいろな目的にどのように使うかを議論しているわけではない．すなわち，例えば，ある結果が他の類似の結果と整合性があるかどうかについて結論を引き出す，ある製造工程における許容限界を定める，ある一連の行動が安全に行えるかどうかを定める，というような目的に使えるかどうかを議論しているわけではない．したがって，特定分野の測定に固有の問題を扱ったり，又は不確かさの定量的な表現の様々な使用方法を扱う場合には，この標準仕様書に基づいて特別な規格を別に作る必要がある．これらの規格は，この標準仕様書の簡易版になるが，正確さ及び対象とする測定と利用の複雑さのレベルにふさわしい程度に詳しい説明を含むべきである．

注記 1 測定の不確かさの概念が完全には適用できないと思われる状況，例えば，試験方法の精密さをあらかじめ決めているような場合もある（例えば，文献[5]参照）．

注記 2 この標準仕様書の対応国際規格及びその対応の程度を表す記号を，次に示す．

ISO/IEC Guide 98-3:2008, Uncertainty of measurement—Part 3: Guide to the expression of uncertainty in measurement

22   TS Z 0033:2012（ISO/IEC Guide 98-3:2008）

（GUM:1995）（IDT）

なお，対応の程度を表す記号"IDT"は，**ISO/IEC Guide 21-2**
に基づき，"一致している"ことを示す．

2   定義

2.1   一般計測用語

この標準仕様書に関係する多くの一般計測用語，例えば，"測定可能な量"，
"測定量"，"測定の誤差"のような用語の定義は**附属書B**に収めている．これ
らの定義は，国際計量基本用語集（**VIM**と略称）[6]から採用したものである．
さらに，**附属書C**には，主として**ISO 3534-1**[7]から引用した基礎統計用語
の定義を与えている．箇条**3**以降，これらの計量計測用語及び統計用語（又
は密接に関連する用語）をこのテキストで最初に使用するときには太字体で印
刷し，その定義を行った細分箇条を括弧書きで記す．

この標準仕様書にとって，一般計測用語"測定の不確かさ"は重要であるこ
とから，**附属書B**及び**2.2.3**の両方で記す．この標準仕様書に特有の，最も
重要な用語は**2.3.1**〜**2.3.6**に定義している．これらの細分箇条，**附属書B**及
び**附属書C**において，幾つかの用語の中の特定の単語を挟む括弧は，混乱を
招くおそれのないときはこれらの単語を省略してもよいことを示す．

2.2   用語"不確かさ"

不確かさの概念については，箇条**3**及び**附属書D**で更に詳しく述べる．

2.2.1   単語"不確かさ"は疑いを意味する．このため，最も広い意味での"測
定の不確かさ"は，ある測定の結果の妥当性への疑いを表す．不確かさの一般
的概念，及び例えば標準偏差のような，この概念の定量的な尺度を与える固有
の量に，それぞれ対応する単語がないことから，これらの異なる二つの意味で
"不確かさ"の単語を用いる必要がある．

2.2.2   この標準仕様書において，形容詞の付かない単語"不確かさ"は，不確
かさの一般的概念，及びその概念の定量的尺度のどれか又は全て，の両者を指
すときに用いる．ある特定の尺度を表すときには適切な形容詞を付けて用いる．

2 定　義　　　　　　23

2.2.3　　この標準仕様書及び **VIM**[6]（**VIM**:1993 第 2 版の **3.9**）で用いる，用語"測定の不確かさ"の公式な定義は次のとおりである．

（測定の）不確かさ [uncertainty（of measurement）]

測定の結果に付随した，合理的に測定対象量に結び付けられ得る値のばらつきを特徴付けるパラメータ．

> **注記 1**　　このパラメータは，例えば，標準偏差（又はそのある倍数）であっても，又は信頼の水準を明示した区間の半分の値であってもよい．
>
> **注記 2**　　測定の不確かさは一般に多くの成分を含む．これらの成分の一部は一連の測定の結果の統計分布によって推定することができ，また，実験標準偏差によって特徴付けられる．その他の成分は，それらもまた標準偏差によって特徴付けられるが，経験又は他の情報に基づいて確率分布を想定して評価する．
>
> **注記 3**　　測定の結果は測定対象量の値の最良推定値であること，並びに補正及び参照標準に付随する成分のような系統的結果によって生じる成分も含めた，全ての不確かさの成分はばらつきに寄与することが分かる．

2.2.4　　**2.2.3** で述べた測定の不確かさの定義は，測定結果及びその評価した不確かさに焦点を合わせた手続き的なものとなっている．しかし，それは次のような他の測定の不確かさの概念と矛盾するわけではない．

— ある測定結果として与えられる測定対象量の推定値に含まれる誤差の尺度，

— ある測定対象量の真の値が存在する範囲を示す推定値（**VIM**:1984 第 1 版の **3.09**）．

これらの二つの伝統的な概念は理想的なものとしては有効であるが，知ることのできない量，すなわち，ある測定の結果の"誤差"及び測定対象量の"真の値"に焦点を合わせている．いずれの不確かさの概念を採用したとしても，不確かさの成分は常に同じデータ及び関連情報を用いて評価する（**E.5** 参照）．

2.3　この標準仕様書に特有の用語

この標準仕様書に特有の用語は，一般に，初出のときに本文内で定義する．

24 TS Z 0033:2012 (ISO/IEC Guide 98-3:2008)

しかし，これらの用語のうち最も重要なものについては，参照の便宜のため，
ここで定義しておく．

注記 これらの用語に関係する詳細な論議については，それぞれ次に述べ
る．すなわち，**2.3.2** については **3.3.3** 及び **4.2**，**2.3.3** については
3.3.3 及び **4.3**，**2.3.4** については箇条 **5**，式(10)及び式(13)，並び
に **2.3.5** 及び **2.3.6** については箇条 **6** を参照する．

2.3.1   標準不確かさ（standard uncertainty）

標準偏差で表す，測定の結果の不確かさ．

2.3.2   （不確かさの）タイプ A 評価［Type A evaluation（of uncertainty）］

一連の観測値の統計的解析による不確かさの評価の方法．

2.3.3   （不確かさの）タイプ B 評価［Type B evaluation（of uncertainty）］

一連の観測値の統計的解析以外の手段による不確かさの評価の方法．

2.3.4   合成標準不確かさ（combined standard uncertainty）

測定の結果を幾つかの他の量の値によって求めるときの，測定の結果の標準
不確かさ．これは，これらの各量の変化に応じて測定結果がどれだけ変わるか
によって重み付けした，分散又は他の量との共分散の和の正の平方根に等しい．

2.3.5   拡張不確かさ（expanded uncertainty）

測定の結果について，合理的に測定対象量に結び付けられ得る値の分布の大
部分を含むと期待する区間を定める量．

注記 **1** この部分の比率は，区間の包含確率又は信頼の水準と考えてもよ
い．

注記 **2** 特定の信頼の水準に拡張不確かさによって定める区間を関連付け
るには，測定結果及びその合成標準不確かさが特徴付ける確率分
布に関する明示的又は暗示的仮定を必要とする．このような仮定
が正当化できる範囲に限って，この区間に付随する信頼の水準を
知ることができる．

注記 **3** 勧告 **INC-1**（**1980**）の段落 **5** では，拡張不確かさを，総合不確
かさ（overall uncertainty）と呼んでいる．

2.3.6 包含係数（coverage factor）

拡張不確かさを求めるために合成標準不確かさに乗じる数として用いる数値係数.

> **注記** 包含係数 k は，代表的には 2 から 3 の範囲にある.

3 基本概念

基本概念に関する追加の検討は，**附属書 D** 及び**附属書 E** にある．**附属書 D** では"真の"値，誤差及び不確かさの考えに重点を置き，また，これらの概念の説明図を含める．さらに，**附属書 E** では，この標準仕様書が準拠する**勧告 INC-1**（**1980**）の目的及び統計的基礎を述べる．**附属書 J** は，この標準仕様書で用いる主な数学記号集である.

3.1 測定

3.1.1 **測定**（**B.2.5**）の目的は**測定対象量**（**B.2.9**）の値（**B.2.2**），すなわち測定する**特定の量**（**B.2.1** の注記 **1**）の値を決定することである．したがって，測定は測定対象量，**測定方法**（**B.2.7**）及び**測定手順**（**B.2.8**）を適切に明示することから始まる.

> **注記** この標準仕様書では，用語"真の値"（**附属書 D** 参照）は **D.3.5** に述べる理由で使用しない．また用語"測定対象量の値"（又は量の値）と "測定対象量の真の値"（又は量の真の値）とは同等とみなす.

3.1.2 一般に，**測定の結果**（**B.2.11**）は測定対象量の値の近似値又は推定値（**C.2.26**）に過ぎず，このためその推定値の**不確かさ**（**B.2.18**）の記述を伴って初めて完全なものになる.

3.1.3 実際には，測定対象量の要求仕様すなわち定義は，要求する**測定の正確さ**（**B.2.14**）によって規定する．測定対象量は，測定に関わる全ての実際的な目的に対して値がただ一つとなるように，その要求精度について十分完全に定義すべきである．このような意味で，"測定対象量の値"という表現をこの標準仕様書では用いる.

> **例** 公称 1 メートルの長さの鋼棒の長さをマイクロメートルの正確さで決

定しようとすると，その仕様には，棒の長さを明示したときの温度及び圧力を含める必要がある．例えば，25.00℃，101 325 Pa における棒の長さというように測定対象量を特定する（このほか，棒の支持の仕方のような，必要と考えられる他のパラメータも加える.）．しかし，長さを単にミリメートルの正確さで決める場合には，その仕様には温度若しくは圧力の条件，又は他の条件を明示するパラメータ値を必要としない．

注記　測定対象量の定義が完全でないと，測定結果の不確かさの評価に含めなければならないような，十分大きな不確かさの成分を生じることになる（**D.1.1**，**D.3.4** 及び **D.6.2** 参照）．

3.1.4　多くの場合，測定の結果は，**繰返し性条件**（**B.2.15 の注記 1**）の下で得た一連の観測値に基づいて決定する．

3.1.5　繰返し観測の変動は，測定結果に影響を及ぼす**影響量**（**B.2.10**）が完全に一定に保つことができないことから起こると考えられる．

3.1.6　一組の繰返し観測を測定結果に変換する測定の数学モデルは，観測に加えて，正確に知ることのできないいろいろな影響量を一般に含むことから，極めて重要である．このような知識のないことは，繰返し観測の変動及び数学モデル自身に関連する不確かさと同じように，測定結果の不確かさの一因となる．

3.1.7　この標準仕様書では，測定対象量をスカラー量（単一の量）として扱う．同一の測定において同時に決定する一組の関連測定対象量に拡大して適用するには，スカラー測定対象量とその分散（**C.2.11**，**C.2.20**，**C.3.2**）をベクトル測定対象量及び**共分散行列**（**C.3.5**）に置き換える必要がある．このような置換えは，この標準仕様書では事例（**H.2**，**H.3** 及び **H.4** を参照）においてだけ考察している．

3.2　誤差，効果及び補正

3.2.1　一般的に，測定は測定結果に**誤差**（**B.2.19**）を伴う不完全さをもつ．伝統的に，誤差は二つの成分，すなわち**偶然**（**B.2.21**）成分及び**系統**（**B.2.22**）成分をもつと考えられる．

3 基本概念　　27

注記　誤差は理想化した概念であり，誤差は正確には知ることができない.

3.2.2　偶然誤差は，おそらく，予測できない又は確率的な，時間的及び空間的影響量の変動によって生じる．このような変動の結果は，ここでは偶然効果と呼ぶが，測定対象量の繰返し観測の変動をもたらす．ある測定結果の偶然誤差を補正することは可能ではないが，通常は観測の回数を増やすことによってこれを減少させる．その**期待値**すなわち**期待される値**（**C.2.9**，**C.3.1**）はゼロである（訳注：ここでは，期待値という.）.

> **注記1**　一連の観測の相加平均又は平均の実験標準偏差（**4.2.3**参照）は，一部の書物ではそう書いているが，平均値の偶然誤差ではない．それは偶然効果による平均値の不確かさの尺度である．これらの効果によって生じる平均値の誤差の正確な値は知ることができない.

> **注記2**　この標準仕様書では，用語 "誤差" と "不確かさ" とを区別することに大きな注意を払っている．両者は同義語ではなく，全く異なった概念を表す．両者を互いに混同してはならず，また，誤用してもいけない.

3.2.3　系統誤差は，偶然誤差と同様に，除去することはできないが，これもときには小さくできる．系統誤差が測定結果に対する影響量の認識可能な効果によって起きる場合には，ここではこれを系統効果と呼ぶが，この効果が定量化でき，そして測定に要求する正確さに比べてその大きさが大きければ，その効果を補償するために**補正**（**B.2.23**）又は**補正係数**（**B.2.24**）を適用する．補正後は，系統効果によって生じる誤差の期待値すなわち期待される値はゼロであると考えられる.

> **注記**　系統効果を補償するために測定結果に加えた補正の不確かさは，よくいうような，この効果による測定結果の系統誤差（かたよりとも呼ぶ.）ではない．それは必要とする補正値についての十分な知識がないことによる測定結果の不確かさの尺度である．系統効果の補正が不完全であることによって生じる誤差を正確に知ることはできない．用語 "誤差" 及び "不確かさ" を適切に使用し，両者を区別

するように注意を払うことが望ましい.

3.2.4 測定の結果は,認識できる全ての大きな系統効果に対して補正し,これらの効果を識別するためのあらゆる努力をしたものと考える.

例 高インピーダンスの抵抗体の両端の電位差(測定対象量)を決定するのに用いる電圧計の有限のインピーダンスに対する補正は,電圧計の負荷効果によって生じる測定結果へ系統効果を小さくするために加える.しかし,電圧計及び抵抗体のインピーダンス値は,補正値を推定するのに用い,かつ,他の測定によって求めるが,それ自身が不確かである.これらの不確かさは,補正すなわち電圧計の有限のインピーダンスによる系統効果によって生じる,電位差決定の不確かさの成分を評価するために用いる.

注記1 測定器及び測定システムは,通常,系統効果を除去するために,計量標準及び標準物質を用いて調整し,又は校正する.しかし,これらの計量標準及び標準物質に関係する不確かさも,また,考慮に入れなければならない.

注記2 既知で,大きな系統効果に対して補正を加えない場合については,**6.3.1**の注記及び**F.2.4.5**で述べる.

3.3 不確かさ

3.3.1 測定の結果の不確かさは,測定対象量の値についての正確な知識がないことを反映している(**2.2**参照).認識した系統効果に対する補正を行った後の測定の結果は,偶然効果によって,及び系統効果に対する測定結果の不完全な補正によって生じる不確かさがあることから,まだ測定対象量の値の推定値でしかない.

注記 ある測定の結果(補正後の)は,大きな不確かさをもつときでも,知らないうちに測定対象量の値に非常に近づく(したがって,無視できる程の誤差をもつ)ことがあり得る.このため,測定の結果の不確かさは,残留する未知の誤差と混同してはならない.

3.3.2 実際に,計測における不確かさには次のような多くの原因の可能性が

3 基本概念　29

ある.

a) 測定対象量の不完全な定義,

b) 測定対象量の定義の不完全な実現,

c) 代表性のよくないサンプリング―測定試料が定義した測定対象量を代表していない,

d) 測定に対する環境条件の効果の不十分な理解, 又は環境条件の不完全な測定,

e) アナログ計器の読取りにおける人によるかたより,

f) 機器の有限である分解能又は識別限界,

g) 計量標準及び標準物質の不正確な値,

h) 外部の情報源によって得られ, かつ, データ補正アルゴリズムに用いる定数及び他のパラメータの不正確な値,

i) 測定の方法及び手順に組み込む近似及び仮定,

j) 見掛け上の同一の条件の下での, 測定対象量の繰返し観測の変動.

　これらのいろいろな原因は必ずしも互いに独立ではなく, **a)** から **i)** までの原因の一部は **j)** の原因に寄与することがある. もちろん, 認識できない系統効果は, 測定の結果の誤差の一因とはなるが, 測定の結果の不確かさの評価において考慮することはできない.

3.3.3　　不確かさの表記に関する作業部会の**勧告 INC-1 (1980)** は不確かさの成分をそれらの評価の方法に基づいて二つの種類, "A" 及び "B" に分類している (**0.7**, **2.3.2** 及び **2.3.3** 参照). これらの種類は不確かさに適用するもので, 単語 "偶然" 及び "系統" に代わるものではない. 既知の系統効果に対する補正の不確かさは, 偶然効果を特徴付ける不確かさも同様であるが, ある場合にはタイプ A 評価で求め, また, 他の場合にはタイプ B 評価で求めることがある.

> **注記**　一部の出版物では, 不確かさの成分を "偶然" 及び "系統" に分類し, それぞれ偶然効果及び既知の系統効果によって生じる誤差と関連付けている. このような不確かさ成分の分類法は, 一般に適用すると曖昧なものになる. 例えば, 一つの測定における不確かさの "偶

30　　　　　　　　TS Z 0033:2012（ISO/IEC Guide 98-3:2008）

然"成分は，この第一の測定の結果を入力データとして使用する他の測定の不確かさの"系統"成分になり得る．したがって，不確かさの成分を評価する方法を分類する方が，成分自身を分類するよりも，曖昧さが避けられる．同時に，このことによって二つの異なる方法で評価した個々の成分を，ある特別な目的に用いるために特定のグループに分けることを排除するものではない（**3.4.3** 参照）．

3.3.4　　タイプ A 及びタイプ B の分類の目的は，不確かさの成分を評価する二つの異なる方法を明示することであり，また，議論の便宜だけのためである．すなわち，この分類は，二つのタイプの評価を理由に，成分の性質に差があることを示すものではない．両タイプの評価は**確率分布**（**C.2.3**）に基づいており，いずれのタイプに由来する不確かさの成分も分散又は標準偏差によって定量化される．

3.3.5　　タイプ A 評価によって求める，不確かさ成分を特徴付ける推定分散 u^2 は，一連の繰返し観測によって算出し，それはよく知られる統計的に推定する分散 s^2（**4.2** 参照）である．推定**標準偏差**（**C.2.12**，**C.2.21** 及び **C.3.3** 参照）u は u^2 の正の平方根であり，したがって，$u = s$ となり，便宜上，これをタイプ A 標準不確かさと呼ぶことがある．タイプ B 評価によって求める不確かさ成分については，推定分散 u^2 は利用可能な知識（**4.3** 参照）を用いて評価し，推定標準偏差 u をタイプ B 標準不確かさと呼ぶことがある．

　タイプ A 標準不確かさは，観測した**度数分布**（**C.2.18**）から導く**確率密度関数**（**C.2.5**）によって求める．一方，タイプ B 標準不確かさは，ある事象が起こる確信度（degree of belief）［しばしば主観**確率**（**C.2.1**）と呼ぶ．］に基づいた想定確率密度関数によって求める．両方のアプローチは，確率の一般的な解釈を採用している．

　　注記　不確かさの成分のタイプ B 評価は，通常，比較的信頼できる情報の蓄積に基づいて行う．

3.3.6　　測定の結果の標準不確かさは，その結果を幾つかの他の量の値によって求めるときは，合成標準不確かさといい，u_c で表す．それは，測定結果に

3 基本概念   31

関連する推定標準偏差であり，全ての分散及び**共分散**（**C.3.4**）成分から求めた合成分散の正の平方根に等しいが，この標準仕様書の中では不確かさの伝ぱ（播）則と呼ぶものを用いて評価する（箇条 **5** 参照）．

3.3.7　健康及び安全の分野における要求と同様に，産業及び商取引への応用ニーズに応えるために，拡張不確かさ U は，合成標準不確かさ u_c に包含係数 k を乗じて求める．U の意図する目的は，合理的に測定対象量に結び付けられ得る値の分布の大部分を含むと期待する測定の結果についての区間を与えることである．この係数 k は通常 2 から 3 の範囲にあり，その選択は包含確率又は区間に関して必要となる信頼の水準に基づいて行う（箇条 **6** 参照）．

> **注記**　包含係数 k は，常に記述する必要がある．そうすれば，その量に依存する他の測定結果の合成標準不確かさを計算するときに，測定対象量の標準不確かさの値に戻すことが可能である．

3.4　実際上の考察

3.4.1　ある測定の結果が依存する全ての量が変化すれば，その不確かさは統計的方法によって評価できる．しかし，実際には，時間及び資源の制約によってこれが可能になるのはまれであることから，測定結果の不確かさは，通常，測定の数学モデルと不確かさの伝ぱ則を用いて評価する．したがって，その測定の要求精度が課す程度に測定が数学的にモデル化できることを，この標準仕様書では暗に仮定している．

3.4.2　数学モデルは完全ではないことから，不確かさの評価が観測データにできるだけ基づくように，関係する量は全て実行可能な最大の範囲で変化させるのがよい．また，可能なときは，長期の定量的データに基づいて作る測定の実験モデル，並びに測定が統計的管理状態にあるかどうかを示す点検基準及び管理図を使用することによって，信頼できる不確かさの評価を得る努力をすることが望ましい．数学モデルは，同じ測定対象量を独立に測定して得た結果を含む観測データによってこのモデルが不完全であることを示したときは，常に改訂すべきである．よく計画した実験は，不確かさの信頼できる評価を大いに容易にするものであり，測定の技術の重要な部分である．

3.4.3 測定システムが適正に機能しているかどうかを判断するために，観測標準偏差によって表すシステムの出力値の実験的に観測した変動は，しばしばその測定を特徴付けるいろいろな不確かさ成分を合成して求める予測標準偏差と比較される．このような場合には，これらの実験的に観測する出力値の変動に寄与すると考えられる成分（タイプA又はタイプBのいずれで評価しようと）だけを考慮すべきである．

> **注記** このような分析をする場合には，変動に寄与する成分としない成分とを，別々に，適切なラベル付けした二つのグループに分けると，容易になる．

3.4.4 ある場合には，系統効果の補正の不確かさを，測定結果の不確かさの評価に含める必要はない．この不確かさを評価していたとしても，測定結果の合成標準不確かさに対する寄与が小さければ，これを無視してよい．補正値自身が合成標準不確かさに比べて小さい場合は，これも無視してよい．

3.4.5 実際に，特に法定計量の領域では，ある器具を計量標準と比較して試験するとき，標準器及び比較方法に伴う不確かさが試験の要求精度に比べて無視できることがしばしば起きる．一例として，市販用はかりの正確さを試験するときの，よく校正した一組の質量標準の使用を挙げる．このような場合には，不確かさの成分は十分に小さくて無視でき，測定は試験する機器の誤差を決めるものと考えてよい（同様に **F.2.4.2** 参照）．

3.4.6 測定の結果が与える測定対象量の値の推定は，国際単位系（SI）の該当する単位で表すときよりも，計量標準の採用値で表すことがしばしばある．このような場合には，測定結果に帰す不確かさの大きさは，その結果を当該SI単位で表すときよりも，かなり小さくなる（事実，この測定対象量は，測定する量の値と標準の採用値との比として再定義した．）．

> **例** 高品質ツェナー電圧標準は，**CIPM** によって国際的使用のために勧告したジョセフソン定数の協定値に基づくジョセフソン効果電圧標準との比較によって校正する．ツェナー標準の校正電位差 V_s の相対合成標準不確かさ $u_\mathrm{c}(V_\mathrm{s})/V_\mathrm{s}$（**5.1.6** 参照）は，$V_\mathrm{s}$ を協定値で表して報

告するときは，2×10^{-8} であり，V_S を電位差の V の SI 単位で報告するときは，$u_c(V_S)/V_S$ は 4×10^{-7} である．これはジョセフソン定数の SI 値に伴う不確かさを加えるためである．

3.4.7 データを記録し，又は解析する場合に起きる過ちは測定の結果に未知の大きな誤差を招くことがある．大きな過ちは，通常，データの適切な再点検によって識別できる．しかし，小さなものは偶然変動が覆い隠し，又は偶然変動として現れることさえある．不確かさの尺度はこのような過ちを考慮することを意図しない．

3.4.8 この標準仕様書は不確かさを評価する枠組みを提供するが，それは厳密な思考，知的な誠実さ，及び専門的技能に取って代わることはできない．不確かさの評価は定形的な仕事でもなく，また，純粋に数学的なものでもない．それは測定対象量及び測定の性質についての知識の詳しさに依存する．したがって，測定の結果に付ける不確かさの質及び効用は，その値付けに携わる人々の理解，鑑識眼のある解析，そして誠実さにかかっている．

4　標準不確かさの評価

不確かさ成分の評価の実際の手引きの主要部分に関しては，**附属書 F** を参照する．

4.1　測定のモデル化

4.1.1 多くの場合，測定対象量 Y は直接的には測定せず，他の N 個の量 X_1，X_2，$\cdots$，X_N から次の関数関係 f によって決定する．

$$Y = f(X_1, X_2, \cdots, X_N) \quad\cdots\cdots\cdots\cdots\cdots\cdots\cdots\cdots\cdots\cdots\cdots\cdots (1)$$

注記 1　表記の節約のため，この標準仕様書では物理量（測定対象量）及びその量の観測の結果を表す確率変数（**4.2.1** 参照）に対して同一の記号を用いる．X_i が特定の確率分布をもつという言い方は，その記号は後者の意味で用いる．一方，物理量は，本質的にただ一つの値によって特徴付けられる（**1.2** 及び **3.1.3** 参照）．

注記 2　一連の観測における X_i の k 番目の観測値を $X_{i,k}$ で表す．したがっ

て，R が抵抗体の抵抗を表すならば，抵抗の k 番目の観測値は R_k で表す．

注記3 X_i の推定値（厳密にいえば，期待値の推定値）を x_i で表す．

例 温度依存性のある抵抗体の両端子に電位差 V を加え，その抵抗体が指定の温度 t_0 で抵抗 R_0 をもち，更に抵抗の一次温度係数が α であるとすると，温度 t の抵抗体が消費する電力 P（測定対象量）は V，R_0，α 及び t に依存し，次の式で表される．

$$P = f(V,\ R_0,\ \alpha,\ t) = V^2/\{R_0[1+\alpha(t-t_0)]\}$$

注記 他の方法で P を測定する場合は，異なった数式でモデル化する．

4.1.2 出力量 Y が依存する入力量 X_1，X_2，$\cdots$，X_N は，それ自身を測定対象量とみなし，これらの測定対象量は系統効果に対する補正及び補正係数を含む他の量に依存し，その結果，明示的に記述することができないような複雑な関数関係 f が導かれる．さらに f は，実験的に決める（**5.1.4** 参照），又は数値的に評価するべきアルゴリズムとしてだけ存在することがある．この標準仕様書で扱う関数 f は，このような広い意味での関数として解釈すべきものである．特に，測定結果に対して重要な不確かさ成分に寄与する全ての補正及び補正係数を含んだあらゆる量を包含する関数として解釈すべきものである．したがって，f が測定結果に要求される精度を満足するように測定をモデル化していないことをデータが示すならば，モデルを修正するため，f に別の入力量を更に追加しなければならない（**3.4.2** 参照）．このため，測定対象量に影響する何らかの現象についての知識が不十分であるため別の入力量の導入が必要となることがある．**4.1.1** の例では，抵抗体の不均一な温度分布，抵抗の温度係数の非直線性，又は抵抗の気圧依存性を考慮するための入力量の追加が必要になる．

注記 なお，式(1)は $Y = X_1 - X_2$ のように簡単な場合もある．この式は，例えば，同一量 X に対して得た二つの値の比較を示す．

4.1.3 入力量 X_1，X_2，$\cdots$，X_N は，次のように分類する．

— 値及び不確かさを実際の測定で直接決定する量．これらの値及び不確かさは，例えば，1回の測定，繰返し測定，経験に基づく判断などによって求め，

4 標準不確かさの評価　　35

また測定器の目盛に対する補正，周囲温度，大気圧及び湿度のような影響する量に対する補正を含んでもよい．

— 値及び不確かさが，校正済みの測定標準，認証標準物質，ハンドブックによって得た参照データなどに付随する量のように，外部の情報源から測定に導入する量．

4.1.4　測定対象量 Y の推定値は，これを y で表すと，N 個の量 X_1，X_2，…，X_N に対する入力推定値 x_1，x_2，…，x_N を用いて式(1)によって求めることができる．すなわち，測定の結果である出力推定値 y は，次の式で与えられる．

$$y = f(x_1, x_2, \cdots, x_N) \quad\cdots\cdots\cdots\cdots\cdots\cdots\cdots\cdots\cdots\cdots\cdots\cdots\cdots\cdots (2)$$

注記　ある場合には，推定値 y は次の式によって求める．

$$y = \overline{Y} = \frac{1}{n}\sum_{k=1}^{n} Y_k = \frac{1}{n}\sum_{k=1}^{n} f(X_{1,k}, X_{2,k}, \cdots, X_{N,k})$$

すなわち，y は Y の独立に決定される n 個の決定値 Y_k の相加平均又は平均値（**4.2.1** 参照）で与えられる．ここで，各測定値は同じ不確かさをもち，それぞれ同時に求めた N 個の入力量 X_i の一組の観測値に基づいている．このように平均する方法は，f が入力量 X_1，X_2，…，X_N の非線形関数である場合には，$y = f(\overline{X}_1, \overline{X}_2, \cdots, \overline{X}_N)$ で求めるよりも望ましい．ここで，

$$\overline{X}_i = \frac{1}{n}\sum_{k=1}^{n} X_{i,k}$$

は個々の観測値 $X_{i,k}$ の相加平均である．しかし，f が X_i の線形関数であれば，これらの二つの推定法は同等である（**H.2** 及び **H.4** 参照）．

4.1.5　出力推定値又は測定結果 y に付随する推定標準偏差を合成標準不確かさと呼び，$u_c(y)$ で表す．これは，入力推定値 x_i の推定標準偏差によって決定する値である．また，入力推定値 x_i の推定標準偏差を標準不確かさと呼び，$u(x_i)$ で表す（**3.3.5** 及び **3.3.6** 参照）．

4.1.6　各入力推定 x_i 及びその標準不確かさ $u(x_i)$ は入力量 X_i の可能な値の分布によって求める．この確率分布は，度数に基づいたもの，すなわち，X_i の

一連の観測値$X_{i,k}$に基づいたもの，又は先験的分布などである．標準不確かさ成分のタイプＡ評価は度数分布に基づいており，タイプＢ評価は先験的分布に基づいている．いずれの場合も，これらの分布は，我々の知識の現状を表すために用いるモデルであることを認識しておかなければならない．

4.2 標準不確かさのタイプＡ評価

4.2.1 多くの場合，偶然的に変化するある量q〔**確率変数（C.2.2）**〕の期待値μ_q又は期待される最良推定値は，この量に対する互いに独立なn個の観測値q_kを同じ測定条件の下で得たとすると（**B.2.15**参照），n個の観測値の**相加平均又は平均値**$\overline{q}$（**C.2.19**）である．すなわち，

$$\overline{q} = \frac{1}{n}\sum_{k=1}^{n} q_k \quad\cdots\cdots\cdots\cdots\cdots\cdots\cdots\cdots\cdots\cdots\cdots\cdots\cdots\cdots\cdots\cdots\cdots \quad (3)$$

したがって，独立なn個の繰返し観測値$X_{i,k}$によって推定する入力量X_iに対して，式(3)によって求める相加平均$\overline{X}_i$は，測定結果yを決めるために，式(2)の入力推定値x_iとして用いる．これは$x_i = \overline{X}_i$である．繰返し観測値によって評価することができない入力推定値は**4.1.3**の第二の分類に示すような他の方法で求めなければならない．

4.2.2 個々の観測値q_kは，影響量の偶然変動又は偶然効果のために，値がばらつく（**3.2.2**参照）．qの確率分布の分散σ^2を推定する観測値の実験分散は，次の式で与えられる．

$$s^2(q_k) = \frac{1}{n-1}\sum_{j=1}^{n}(q_j - \overline{q})^2 \quad\cdots\cdots\cdots\cdots\cdots\cdots\cdots\cdots\cdots\cdots\cdots \quad (4)$$

この分散の推定値，及び**実験標準偏差（B.2.17）**と呼ぶその正の平方根$s(q_k)$は，観測値q_kの変動，より具体的には，それらの平均$\overline{q}$のまわりのばらつきを特徴付ける．

4.2.3 平均の分散$\sigma^2(\overline{q}) = \sigma^2/n$の最良推定値は，次の式で与えられる．

$$s^2(\overline{q}) = \frac{s^2(q_k)}{n} \quad\cdots\cdots\cdots\cdots\cdots\cdots\cdots\cdots\cdots\cdots\cdots\cdots\cdots\cdots\cdots \quad (5)$$

平均の実験分散$s^2(\overline{q})$，及び$s^2(\overline{q})$の正の平方根に等しい**平均の実験標準偏差**

$s(\overline{q})$（**B.2.17** の**注記 2**）は $\overline{q}$ がいかによく q の期待値 μ_q を推定しているかを表すもので，いずれも $\overline{q}$ の不確かさの測度として用いる．

このように独立な n 個の繰返し観測値 $X_{i,k}$ によって求める入力量 X_i に対し，その推定値 $x_i = \overline{X}_i$ の標準不確かさ $u(x_i)$ は $u(x_i) = s(\overline{X}_i)$ であり，ここで $s^2(\overline{X}_i)$ は式(5)によって算出する．便宜上，$u^2(x_i) = s^2(\overline{X}_i)$ 及び $u(x_i) = s(\overline{X}_i)$ は，それぞれタイプ A 分散及びタイプ A 標準不確かさと呼ぶことがある．

注記 1　観測値の数 n は，$\overline{q}$ が確率変数 q の期待値 μ_q の信頼できる推定値を与えるように，また，$s^2(\overline{q})$ が分散 $\sigma^2(\overline{q}) = \sigma^2/n$（**4.3.2** の**注記**参照）の信頼できる推定値を与えるように，十分大きいことが必要である．$s^2(\overline{q})$ と $\sigma^2(\overline{q})$ との違いは，信頼区間（**6.2.2** 参照）を導くときには考慮しておく必要がある．この場合，q の確率分布が正規分布（**4.3.4** 参照）であれば，この違いは t 分布（**G.3.2** 参照）によって考慮する．

注記 2　分散 $s^2(\overline{q})$ は，より基本的な量であるが，標準偏差 $s(\overline{q})$ は q と同じ次元をもつため，実用上もっと便利であり，また分散よりも理解しやすい量である．

4.2.4　統計的管理状態を保っている，はっきりと素性が知られた測定に対しては，測定を特徴付ける合成又はプールした分散の推定値 s_p^2（又はプールした実験標準偏差 s_p）が利用できることがある．このような場合，測定対象量 q の値が独立な n 個の観測値によって決定するときには，観測値の相加平均 $\overline{q}$ の実験分散は，$s^2(q_k)/n$ よりも s_p^2/n によって，よりよく推定され，標準不確かさは $u = s_\mathrm{p}/\sqrt{n}$ となる（**H.3.6** の**注記**参照）．

4.2.5　入力量 X_i の推定値 x_i が，実験データに当てはめた曲線から最小二乗法によって求めることがしばしばある．曲線を特徴付ける当てはめたパラメータ，任意の推定点に対する推定分散，及びそれによって得る標準不確かさは，通常，よく知られた統計手法によって計算する（**H.3** 及び文献[8]参照）．

4.2.6　$u(x_i)$ の**自由度**（**C.2.31**）ν_i（**G.3** 参照）は，$x_i = \overline{X}_i$ 及び $u(x_i) = s(\overline{X}_i)$ が **4.2.1** 及び **4.2.3** に記載したように，独立な n 個の観測値によって計算する

ような単純な場合には，$n-1$ に等しい．不確かさ成分のタイプ A 評価を文書に記載するときは自由度を必ず明示すべきである．

4.2.7　入力量の観測値の偶然変動が，例えば，時間的相関がある場合には，**4.2.1** と **4.2.3** とで与えられる平均及び平均の実験標準偏差は，求めようとする**統計量**（**C.2.23**）の不適切な**推定量**（**C.2.25**）となる．この場合，観測結果は，相関をもった一連の偶然変動する観測値を扱うための特別な統計的方法によって解析するとよい．

　　注記　このような特別な方法は，周波数標準の測定を扱うために用いる．しかし，他の物理量についても，短期間測定から長期間測定に移行して偶然変動に相関がないという仮定がもはや成り立たなくなったようなときには，この特別な手法が適用できる可能性がある（アラン分散の詳細な議論については，例えば，文献[9]参照.）．

4.2.8　**4.2.1** ～ **4.2.7** における標準不確かさのタイプ A 評価の議論は十分ではない．実際，少し複雑な例も含めて，統計的手法が適用できる状況は数多くある．重要な例として，最小二乗法に基づく校正計画の利用がある．それはブロックゲージ及び分銅のように未知の値をもった人工物を，既知の値をもつ参照標準と比較する場合に，その結果の短期及び長期の偶然変動の双方によって起こる不確かさを評価するものである．このような比較的単純な測定の局面では，不確かさの成分は，その測定対象量が依存する量のいろいろな値に対する，入れ子状に連なった測定からなる実験計画によって得たデータの統計的解析—いわゆる分散分析（**H.5** 参照）—によってしばしば評価する．

　　注記　校正の連鎖の低位側では，参照標準が国家標準機関又は最上位の標準機関での校正を受けたため，正確に値が知られているとみなす場合がしばしばある．この場合，校正結果の不確かさは，測定を特徴付けるプールした実験標準偏差によって評価する単一のタイプ A 標準不確かさからなる．

4.3　標準不確かさのタイプ B 評価

4.3.1　繰返し観測によって求めたものではない入力量 X_i の推定値 x_i の推定

4 標準不確かさの評価 39

分散 $u^2(x_i)$ 又は標準不確かさ $u(x_i)$ は，X_i の起こり得る変動について入手できる全ての情報に基づく科学的判断によって評価する．入手できる情報とは，次のようなものがある．

— 以前の測定データ，

— 当該材料及び測定器の挙動及び特性についての一般的知識又は経験，

— 製造業者の仕様，

— 校正その他の証明書に記載されたデータ，

— ハンドブックから引用した参考データに割り当てた不確かさ．

　便宜上，この方法で評価した $u^2(x_i)$ 及び $u(x_i)$ を，それぞれ，タイプ B 分散及びタイプ B 標準不確かさと呼ぶことがある．

　　注記　x_i を先験的分布によって求める場合，これに付随する分散は $u^2(X_i)$ と書くのが適切であるが，簡略化のため，この標準仕様書では $u^2(x_i)$ 及び $u(x_i)$ の表記を用いることとする．

4.3.2　標準不確かさのタイプ B 評価のために入手できる情報を的確に使用するときには，経験及び一般知識に基づいた洞察力を必要とし，それはまた訓練によって会得できる技術である．特に，タイプ A 評価が比較的少数の統計的に独立な観測値に基づくような場合には，標準不確かさのタイプ B 評価はタイプ A 評価と同じ程度に信頼できる．

　　注記　**4.2.3** の **注記 1** における q の確率分布が正規分布であれば，$\sigma[s(\overline{q})]/\sigma(\overline{q})$，すなわち $s(\overline{q})$ の標準偏差の $\sigma(\overline{q})$ に対する相対値は，近似的に $[2(n-1)]^{-1/2}$ である．したがって，$s(\overline{q})$ の不確かさとして $\sigma[s(\overline{q})]$ をとると，$n=10$ の観測に対し，$s(\overline{q})$ の相対不確かさは 24 パーセントとなり，また，$n=50$ の観測に対しては，10 パーセントとなる（その他の値は，**附属書 E** の **表 E.1** に記載）．

4.3.3　推定値 x_i を製造業者の仕様，校正証明書，ハンドブック又は他の情報源から採用し，その引用した不確かさが標準偏差に特定の乗数を乗じたものであると記載しているときは，標準不確かさ $u(x_i)$ は単に引用値をその乗数で除したものであり，推定分散 $u^2(x_i)$ はその商の平方である．

例 ある校正証明書に，公称値１キログラムのステンレス鋼製分銅の質量 m_s が１ 000.000 325 g であり，さらに"この値の不確かさは３シグマ レベルで240 µg である"と記載されているとする．分銅の標準不確 かさは，単に $u(m_s) = (240\,µg)/3 = 80\,µg$ となる．これは 80×10^{-9} の 相対標準不確かさ $u(m_s)/m_s$ に相当する（**5.1.6** 参照）．推定分散は $u^2(m_s) = (80\,µg)^2 = 6.4 \times 10^{-9}\,g^2$ となる．

注記 多くの場合，この引用した不確かさを求めたときの個々の成分につ いての情報はほとんど，又は全く提示されていない．このことは， この標準仕様書に示す方法に従って不確かさを表現する上で，一般 にはそれほど問題にならない．なぜなら，ある測定結果の合成標準 不確かさを算出するときには，これらの標準不確かさは全て同じ方 法で取り扱うためである（箇条**5** 参照）．

4.3.4 x_i の引用した不確かさは，必ずしも **4.3.3** におけるように標準偏差の 倍数で与えられるとは限らない．その代わり，引用した不確かさは90，95又 は99パーセント信頼の水準（**6.2.2** 参照）をもつ区間で定めると述べている例 もある．別に指定がなければ引用した不確かさを計算するのに**正規分布** （**C.2.14**）を用いたと仮定してよく，また，引用した不確かさを正規分布に対 する適切な係数で除して x_i の標準不確かさに戻す．これらの三つの信頼の水準 に対応する係数は，それぞれ，1.64，1.96及び2.58である（**表 G.1** も参照）．

注記 この標準仕様書では，不確かさを記載するときに，用いた包含係数 を常に与えておくべきことを強調しているが（**7.2.3** 参照），この勧 告に従って不確かさを記述していれば，上述のような仮定を必要と することはない．

例 ある校正証明書に，公称値10オームの標準抵抗 R_s の抵抗が23℃におい て 10.000 742 Ω ±129 µΩ であり，"表示した 129 µΩ の不確かさは99パー セントの信頼の水準をもつ区間を定める．"と記載されていると仮定する． そのとき，この抵抗の標準不確かさは $u(R_s) = (129\,µΩ)/2.58 = 50\,µΩ$ と 求め，これは 50×10^{-6} の相対標準不確かさ $u(R_s)/R_s$ に相当する

4 標準不確かさの評価

(**5.1.6** 参照). 推定分散は, $u^2(R_s) = (50\,\mu\Omega)^2 = 2.5 \times 10^{-9}\,\Omega^2$ となる.

4.3.5 利用できる情報に基づいて, "入力量 X_i の値が a_- から a_+ の区間にある可能性は五分五分である."(言い換えると, X_i がこの区間内にある確率が 0.5, 又は 50 パーセントである.) という場合を考える. X_i のとり得る値の分布が近似的に正規分布であると仮定できる場合には, X_i の最良推定値 x_i は区間の中点にあるとみなす. さらに, この区間の幅の半分を $a = (a_+ - a_-)/2$ で表すと, $u(x_i) = 1.48a$ となる. なぜなら, 期待値 μ, 標準偏差 σ の正規分布に対し, $\mu \pm \sigma/1.48$ の区間がその分布の約 50 パーセントを含むためである.

> **例** ある部品の寸法を決めようとしている機械工が, 部品の長さが 0.5 の確率で 10.07 mm から 10.15 mm の区間にあると推定し, ±0.04 mm が 50 パーセントの信頼の水準をもつ区間を定めるという意味で, $l = (10.11 \pm 0.04)$ mm と報告するとする. すると, $a = 0.04$ mm であり, l のとり得る値について正規分布を仮定すると, この長さの標準不確かさは $u(l) = 1.48 \times 0.04$ mm ≈ 0.06 mm であり, また, 推定分散は $u^2(l) = (1.48 \times 0.04 \text{ mm})^2 = 3.5 \times 10^{-3}\,\text{mm}^2$ となる.

4.3.6 **4.3.5** の場合に類似しているが, 利用できる情報を基に, "X_i の値が a_- から a_+ の区間にある可能性がおよそ 2/3 である"(言い換えると, X_i がこの区間にある確率が約 0.67 である.) ということができる場合を考える. すると, $u(x_i) = a$ としてよい. なぜなら, 期待値 μ, 標準偏差 σ の正規分布に対し, $\mu \pm \sigma$ の区間がその分布の約 68.3 パーセントを含むためである.

> **注記** $u(x_i)$ としてそれほど厳密な値を保証できるわけではないので, 確率 $p = 2/3$ に対応する正確な正規偏差の値 0.967 42 を使う意味は, つまり $u(x_i) = a/0.967\,42 = 1.033a$ とする意味はうすい.

4.3.7 その他の場合として, X_i に対する限界(上限及び下限)だけを推定することが可能なケース, つまり, "X_i の値が a_- から a_+ の区間にある確率が事実上 1 に等しく, また, X_i がこの区間の外にある確率が事実上ゼロである"というケースがある. 区間内にある X_i のとり得る値について具体的な情報がない場合には, X_i が区間内のどこにでも同じ確率で存在する [一様分布又は

く（矩）形分布―**4.4.5**及び**図2a**）参照］と仮定する．このときX_iの期待値
x_iは区間の中点，$x_i = (a_- + a_+)/2$であり，その分散は，

$$u^2(x_i) = (a_+ + a_-)^2/12 \quad\text{......................} \quad (6)$$

である．両側限界の差$(a_+ - a_-)$を$2a$で表すと，式(6)は次のようになる．

$$u^2(x_i) = a^2/3 \quad\text{...............................} \quad (7)$$

注記　この方法で決定した不確かさのある成分が測定結果の不確かさに大
きく寄与するときは，慎重を期して，その成分を更に評価するため
の追加データを取るのがよい．

例1　あるハンドブックに，20℃における純銅の線膨張係数$\alpha_{20}(\text{Cu})$の値
が16.52×10^{-6}℃$^{-1}$と与えられており，単に"この値の誤差は
0.40×10^{-6}℃$^{-1}$を超えることはない"と記述しているとする．こ
の限られた情報を基に，$\alpha_{20}(\text{Cu})$の値が16.12×10^{-6}℃$^{-1}$から
16.92×10^{-6}℃$^{-1}$の区間に等しい確率で存在し，また，$\alpha_{20}(\text{Cu})$の
値が区間の外にあることはとてもあり得そうにないと仮定するのは
不合理ではない．したがって，幅の半分として$a = 0.40 \times 10^{-6}$℃$^{-1}$
をもつ，$\alpha_{20}(\text{Cu})$の可能な値に対する対称一様分布の分散は，式(7)
によって$u^2(\alpha_{20}) = (0.40 \times 10^{-6}\text{℃}^{-1})^2/3 = 53.3 \times 10^{-15}$℃$^{-2}$であり，
標準不確かさは$u(\alpha_{20}) = (0.40 \times 10^{-6}\text{℃}^{-1})/\sqrt{3} = 0.23 \times 10^{-6}$℃$^{-1}$
となる．

例2　あるデジタルボルトメータの製造業者仕様に，"測定器校正後1年
から2年までの間では，1Vレンジの精度は，読取り値の14×10^{-6}倍
と測定レンジの2×10^{-6}倍との和である．"と記載されているとす
る．この測定器を校正の20か月後，1Vレンジで，ある電位差Vの
測定に用い，そして独立した数多くのVの繰返し測定の相加平均
が$\overline{V} = 0.928\,571\,\text{V}$であり，タイプA標準不確かさが$u(\overline{V}) = 12\,\mu\text{V}$
であったとする．その記載に基づいて，$\overline{V}$に付加すべき補正値
$\Delta\overline{V}$は，期待値がゼロで，その間に存在する確率が至る所で等しい
ような上下対称な限界値をもつものと仮定することによって，製造

4 標準不確かさの評価　　43

業者仕様に付随する標準不確かさをタイプB評価によって求める. $\Delta\overline{V}$ の取り得る値の対称一様分布の幅の半分 a は, $a=(14\times10^{-6})\times(0.928\,571\,\mathrm{V})+(2\times10^{-6})\times(1\,\mathrm{V})=15\,\mu\mathrm{V}$ であり, 式(7)によって, $u^2(\Delta\overline{V})=75\,\mu\mathrm{V}^2$, 及び $u(\Delta\overline{V})=8.7\,\mu\mathrm{V}$ を得る. 測定対象量 V の値の測定量を表記の簡略化のため同じ記号 V で表すと, $V=\overline{V}+\Delta\overline{V}=0.928\,571\,\mathrm{V}$ と与えられる. この推定値の合成標準不確かさは, $\overline{V}$ のタイプA標準不確かさ $12\,\mu\mathrm{V}$ と $\Delta\overline{V}$ のタイプB標準不確かさ $8.7\,\mu\mathrm{V}$ とを合成して求める. 標準不確かさの成分を合成する一般的方法は箇条5で議論し, **5.1.5** の中でこの実例を扱う.

4.3.8　**4.3.7** において入力量 X_i に対する上限及び下限, a_+ 及び a_- は, その最良推定値 x_i に関して対称ではない可能性がある. つまり, 下限を $a_-=x_i-b_-$, 上限を $a_+=x_i+b_+$ と書くとすると, $b_-\neq b_+$ である. この場合 x_i (これは X_i の期待値であると仮定する.) は a_- から a_+ の区間の中央ではないため, X_i の確率分布は区間の範囲で一様ではあり得ない. モデルが異なれば分散の表現が異なるが, 適切な分布を選ぶのに利用できる情報は十分でないかもしれない. このような情報のない場合に, 最も簡単な近似は,

$$u^2(x_i)=\frac{(b_++b_-)^2}{12}=\frac{(a_+-a_-)^2}{12} \quad\cdots\cdots\cdots\cdots\cdots\cdots (8)$$

で与えられ, これは全幅 b_++b_- をもつ一様分布分散である (非対称分布については, **F.2.4.4** 及び **G.5.3** でも議論する.).

　例　**4.3.7** の **例1** において, 線膨張係数の値がハンドブックで $\alpha_{20}(\mathrm{Cu})=16.52\times10^{-6}\,\mathrm{^\circ C}^{-1}$ と与えられ, また, "取り得る最小値は $16.40\times10^{-6}\,\mathrm{^\circ C}^{-1}$ であり, 取り得る最大値は $16.92\times10^{-6}\,\mathrm{^\circ C}^{-1}$ である" と記載されていると仮定する. そのとき $b_-=0.12\times10^{-6}\,\mathrm{^\circ C}^{-1}$, $b_+=0.40\times10^{-6}\,\mathrm{^\circ C}^{-1}$ であり, $u(\alpha_{20})=0.15\times10^{-6}\,\mathrm{^\circ C}^{-1}$ を式(8)によって得る.

　注記1　限界が非対称である多くの実際の測定事例では, 推定値 x_i に $(b_+-b_-)/2$ の大きさの補正を加えるのが適切なことがある. そ

の結果，X_i の新しい推定値 x_i' は両限界の中点，すなわち $x_i' = (a_- + a_+)/2$ となる．つまり，この事例は **4.3.7** の場合に還元され，新しい値として $b_+' = b_-' = (b_+ + b_-)/2 = (a_+ - a_-)/2 = a$ を得る．

注記2 エントロピー最大の原理に基づき，非対称な場合の確率密度関数が，$p(X_i) = A \exp[-\lambda(X_i - x_i)]$ と表すことがある．ここで，$A = [b_- \exp(\lambda b_-) + b_+ \exp(-\lambda b_+)]^{-1}$，$\lambda = \{\exp[\lambda(b_- + b_+)] - 1\}/\{b_- \exp[\lambda(b_- + b_+)] + b_+\}$ である．この式によって，分散 $u^2(x_i) = b_+ b_- - (b_+ - b_-)/\lambda$ となり，$b_+ > b_-$ のとき，$\lambda > 0$ で，$b_+ < b_-$ のとき，$\lambda < 0$ である．

4.3.9 **4.3.7** において，a_- から a_+ の推定限界内での X_i のとり得る値についての特別な情報が何もないため，X_i が限界内の任意の値をとる確率が等しく，その外側にある確率はゼロであると仮定した．確率分布におけるこのようなステップ関数的不連続性は，しばしば非物理学的である．多くの場合，限界近くの値は，中点近くよりも起こりにくいと予測する方が現実的である．すると，対称な一様分布の代わりに，等しい二斜辺，$a_+ - a_- = 2a$ の幅の下辺及び $2\alpha\beta$ の幅の上辺をもつ，対称な台形（二等辺台形）の形の分布を仮定するのが妥当である．ここで，$0 \leq \beta \leq 1$ である．$\beta \to 1$ のとき，この台形分布は **4.3.7** の一様分布に近づき，一方，$\beta = 0$ のとき，三角分布になる［**4.4.6** 及び **図2b**）参照］．X_i についてこのような台形分布を仮定すると，X_i の期待値は $x_i = (a_- + a_+)/2$ で，その分散は，

$$u^2(x_i) = a^2(1 + \beta^2)/6 \quad\text{······································} \quad (9a)$$

となる．三角分布に対しては，$\beta = 0$ とおき，

$$u^2(x_i) = a^2/6 \quad\text{···} \quad (9b)$$

となる．

注記1 期待値 μ，標準偏差 σ の正規分布の場合，$\mu \pm 3\sigma$ の区間に分布の約 99.73 パーセントを含む．したがって，上限及び下限，a_+ 及び a_-，が 100 パーセント限界でなく 99.73 パーセント限界を決

め，かつ，**4.3.7** のように両限界の間の X_i について明確な情報がないとせずに，近似的に正規に分布していると仮定する場合には，$u^2(x_i) = a^2/9$ を得る．これに対し，幅の半分が a の対称一様分布の分散は $a^2/3$ ［式(7)］で，幅の半分 a の対称三角分布の分散は $a^2/6$ ［式(9b)］である．各分布を正当化するのに必要な情報量が大きく異なることからすると，これらの三つの分布の分散の大きさは驚くほど類似している．

注記 2 台形分布は，一つは台形の平均半幅に等しい半幅 $a_1 = a(1+\beta)/2$ をもち，他の一つは台形の三角部分の平均幅に等しい半幅 $a_2 = a(1-\beta)/2$ をもつ二つの一様分布のたたみ込み（文献[10]）と同等である．その分布の分散は，$u^2 = a_1^2/3 + a_2^2/3$ である．たたみ込み分布は，幅 $2a_1$ 自体が $2a_2$ の幅の一様分布で表す不確かさをもつような一様分布と解釈する．したがって，この分布は入力量の限界値を正確には知らないという場合のモデルとなる．しかし，a_2 がたとえ a_1 の 30 パーセント程の大きさでも，u は $a_1/\sqrt{3}$ を 5 パーセントも超えることはない．

4.3.10 不確かさの成分を"重複カウント"しないことが重要である．ある特定の効果に起因する不確かさの成分をタイプ B 評価によって求める場合には，その効果が観測値の観測した変動に寄与しない範囲に限って，その成分を測定結果の合成標準不確かさの計算の中に独立した不確かさの成分として含める．これは，観測した変動に寄与するような効果による不確かさは，観測値の統計解析によって得る成分の中に既に含んでいるためである．

4.3.11 **4.3.3** ～ **4.3.9** までの標準不確かさのタイプ B 評価についての議論は，単にその方向を示すためだけである．不確かさの評価は，**3.4.1** と **3.4.2** とで強調したように，可能な限り，定量的データに基づいて行うべきである．

4.4　標準不確かさの評価のグラフによる説明

4.4.1　図 1 は繰返し観測によってサンプルとして得る X_i として可能な測定値の未知の分布，つまり X_i の確率分布に基づいた，入力量 X_i の値の推定，及

46   TS Z 0033:2012 (ISO/IEC Guide 98-3:2008)

びその推定値の不確かさの評価を示している.

4.4.2   **図1 a**)では,入力量 X_i は温度 t であり,その未知の分布は期待値 $\mu_t = 100\,℃$ 及び標準偏差 $\sigma = 1.5\,℃$ をもつ正規分布であると仮定している.その確率密度関数は,次の式で与えられる(**C.2.14** 参照).

$$p(t) = \frac{1}{\sigma\sqrt{2\pi}} \exp\left[-\frac{1}{2}\left(\frac{t-\mu_t}{\sigma}\right)^2\right]$$

> **注記**   確率密度関数 $p(z)$ の定義から,$\int p(z)dz = 1$ の関係を満たす必要がある.

4.4.3   **図1 b**)は,**図1 a**)の分布からランダムに取り出したと考える温度 t の $n = 20$ 個の繰返し観測 t_k のヒストグラムを示す.ヒストグラムを作るには,その値が**表1**に与えている 20 個の観測値,つまり試料を 1℃ 幅の区分にグループ分けする(ヒストグラムの作成には,データの統計的解析は必要ない.).

　$n = 20$ の観測値に対して式(3)によって計算する相加平均又は平均値 $\bar{t}$ は,$\bar{t} = 100.145\,℃ \approx 100.14\,℃$ となり,これは利用できるデータに基づく t の期待値 μ_t の最良推定値であると考える.式(4)によって計算する実験標準偏差は $s(t_k) = 1.489\,℃ \approx 1.49\,℃$ であり,式(5)によって計算する,平均値の実験標準偏差 $s(\bar{t})$,すなわち平均値 $\bar{t}$ の標準不確かさ $u(\bar{t})$ は $u(\bar{t}) = s(\bar{t}) = s(t_k)/\sqrt{20} = 0.333\,℃ \approx 0.33\,℃$ となる(後の計算のために,下位の桁も残しておくことがある.).

> **注記**   高分解能のディジタル電子温度計の普及を考えると,**表1**のデータは説明のためのものであり,非現実的なものではないが,必ずしも現実の測定を表すものではない.

4.4.4   **図2**は,全ての利用できる情報に基づき,X_i の取り得る値の先験的分布,すなわち X_i の確率分布からの,入力量 X_i の推定値及びその推定値の不確かさの評価を表す.図に示すいずれの場合も,入力量はやはり温度 t としている.

4.4.5   **図2 a**)に示すケースでは,入力量 t に関して利用できる情報はほとんどないため,t が下限 $a_- = 96\,℃$,上限 $a_+ = 104\,℃$,したがって半幅

4 標準不確かさの評価

$a = (a_+ - a_-)/2 = 4℃$ の対称でく（矩）形状の先験的分布に従うと想定する他ないと仮定している（**4.3.7** 参照）．t の確率密度関数は，次のようになる．

$$p(t) = 1/(2a), \quad a_- \leqq t \leqq a_+$$
$$p(t) = 0, \quad\quad それ以外$$

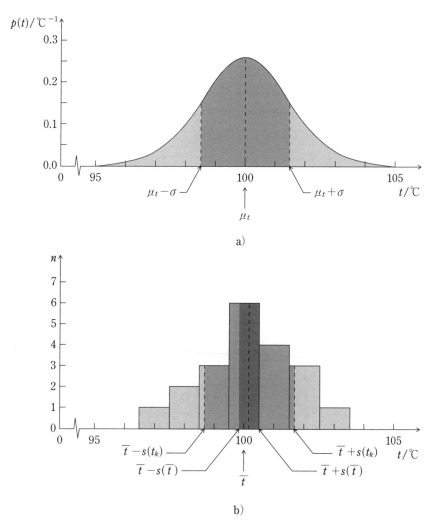

図1－入力量の標準不確かさの繰返し観測に基づく評価のグラフによる説明

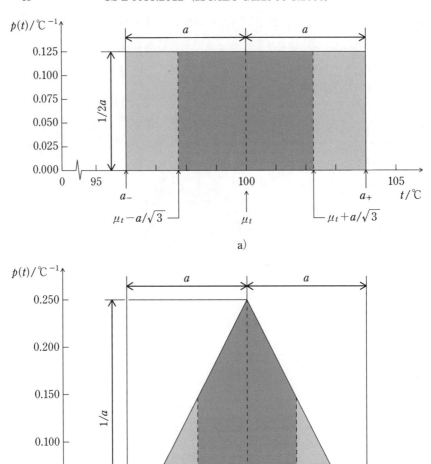

図2－入力量の標準不確かさの先験的分布に基づく評価のグラフによる説明

4 標準不確かさの評価 49

表1－温度1℃区分にグループ化した温度 t の 20 回の繰返し観測

区間 $t_1 \leqq t < t_2$		温度
$t_1/℃$	$t_2/℃$	$t/℃$
94.5	95.5	–
95.5	96.5	–
96.5	97.5	96.90
97.5	98.5	98.18, 98.25
98.5	99.5	98.61, 99.03, 99.49
99.5	100.5	99.56, 99.74, 99.89, 100.07, 100.33, 100.42
100.5	101.5	100.68, 100.95, 101.11, 101.20
101.5	102.5	101.57, 101.84, 102.36
102.5	103.5	102.72
103.5	104.5	–
104.5	105.5	–

4.3.7 で示したように，t の最良推定値はその期待値 $\mu_t = (a_+ + a_-)/2 = 100℃$ であり，これは **C.3.1** によって理解される．この推定値の標準不確かさは，**C.3.2** によって $u(\mu_t) = a/\sqrt{3} \approx 2.3℃$ となる［式(7)参照］．

4.4.6 図 **2 b**）に示すケースでは，t に関する利用可能な情報が多少あり，t は **4.4.5** と同じ下限 $a_- = 96℃$，同じ上限 $a_+ = 104℃$，したがって，同じ半幅 $a = (a_+ - a_-)/2 = 4℃$ をもった対称で三角形の先験的確率分布によって記述されると仮定している（**4.3.9** 参照）．このときの t の確率密度関数は，次のようになる．

$$p(t) = (t - a_-)/a^2, \qquad a_- \leqq t \leqq (a_+ + a_-)/2$$
$$p(t) = (a_+ - t)/a^2, \qquad (a_+ + a_-)/2 \leqq t \leqq a_+$$
$$p(t) = 0, \qquad\qquad それ以外$$

4.3.9 で示したように，t の期待値は，$\mu_t = (a_+ + a_-)/2 = 100℃$ であり，これは **C.3.1** によって算出する．この推定値の標準不確かさは $u(\mu_t) = a/\sqrt{6} \approx 1.6℃$ で，**C.3.2** によって算出する［式(9b)参照］．

上記の値 $u(\mu_t) = 1.6℃$ は，**4.4.5** で同じ 8℃ 幅をもつ一様分布によって求めた $u(\mu_t) = 2.3℃$，分布の 99 パーセントを含む $-2.58\sigma \sim +2.58\sigma$ の幅が約 8℃

50 TS Z 0033:2012 (ISO/IEC Guide 98-3:2008)

である**図1 a**）の正規分布の$\sigma = 1.5$℃，及び同じ正規分布からランダムに取り出したと仮定する 20 個の観測値によって **4.4.3** で求めた $u(\overline{t}) = 0.33$℃と比較対照できる．

5 合成標準不確かさの決定

5.1 相関のない入力量

この細分箇条では，入力量が全て**独立な**（**C.3.7**）場合を扱う．二つ以上の入力量が互いに関係する場合，すなわち，相互に依存する又は**相関のある**（**C.2.8**）場合については，**5.2** で議論する．

5.1.1   測定対象量 Y の推定値，すなわち測定の結果を y とすると，y の標準不確かさは，入力推定値 x_1，x_2，…，x_N の標準不確かさを適切に合成することによって求められる（**4.1** 参照）．この推定値 y の合成標準不確かさを $u_c(y)$ で表す．

> **注記** **4.3.1** の**注記**で述べたのと同じ理由で，記号 $u_c(y)$ 及び $u_c^{\,2}(y)$ を全ての場合に用いる．

5.1.2   合成標準不確かさ $u_c(y)$ は，次の式に示す合成分散 $u_c^{\,2}(y)$ の正の平方根である．

$$u_c^{\,2}(y) = \sum_{i=1}^{N} \left(\frac{\partial f}{\partial x_i} \right)^2 u^2(x_i) \cdots\cdots\cdots\cdots\cdots\cdots\cdots\cdots\cdots (10)$$

ここに，f は式(1)に示す関数である．各 $u(x_i)$ は，**4.2** で述べたように評価される標準不確かさ（タイプ A 評価），又は **4.3** におけるような標準不確かさ（タイプ B 評価）である．合成標準不確かさ $u_c(y)$ は推定標準偏差であり，合理的に測定対象量 Y に結び付けられ得る値の分散を特徴付ける（**2.2.3** 参照）．

式(10)及び入力量の間に相関のある場合の対応する式である式(13)は，両者ともに，$Y = f(X_1, X_2, \cdots, X_N)$ の 1 次のテイラー級数近似に基づいており，この標準仕様書では不確かさの伝ぱ則と呼ぶ（**E.3.1** 及び **E.3.2** 参照）．

> **注記** f の非線形性が有意であるとき，テイラー級数展開の中の高次の項を $u_c^{\,2}(y)$，すなわち式(10)に含めなければならない．各 X_i の分布

5　合成標準不確かさの決定　　51

が正規分布の場合は，式(10)の項に加えるべきで，次に高次の最も
重要な項は，

$$\sum_{i=1}^{N} \sum_{j=1}^{N} \left[\frac{1}{2} \left(\frac{\partial^2 f}{\partial x_i \partial x_j} \right)^2 + \frac{\partial f}{\partial x_i} \frac{\partial^3 f}{\partial x_i \partial x_j^2} \right] u^2(x_i) u^2(x_j)$$

である.

　$u_c^2(y)$ に対する高次の項の寄与を考慮する必要がある場合の例を，**H.1** に示す.

5.1.3　偏導関数 $\partial f / \partial x_i$ は，$X_i = x_i$ における $\partial f / \partial X_i$ の値に等しい（**注記 1** 参照）. これらの微分係数は，しばしば感度係数と呼ばれ，出力推定値 y が入力推定値 x_1，x_2，$\cdots$，x_N のそれぞれの値の変化に伴ってどのように変化するかを記述する. 例えば，入力推定値 x_i の微小変化 Δx_i によって生じる y の変化は $(\Delta y)_i = (\partial f / \partial x_i)(\Delta x_i)$ で与えられる. この変化が推定値 x_i の標準不確かさによって生じるものであれば，対応する y の変化は $(\partial f / \partial x_i) u(x_i)$ である. したがって，合成分散 $u_c^2(y)$ は，各入力推定値 x_i の推定分散によって生じる出力推定値 y の推定分散を表す各項の和と考えられる. この結果，式(10)は次のように書き換えられる.

$$u_c^2(y) = \sum_{i=1}^{N} [c_i u(x_i)]^2 \equiv \sum_{i=1}^{N} u_i^2(y) \quad \cdots\cdots\cdots\cdots\cdots\cdots\cdots (11a)$$

ここに，

$$c_i \equiv \partial f / \partial x_i, \quad u_i(y) \equiv |c_i| u(x_i) \quad \cdots\cdots\cdots\cdots\cdots\cdots (11b)$$

である.

　注記 1　厳密にいえば，偏導関数 $\partial f / \partial x_i$ は，X_i の期待値における $\partial f / \partial x_i$ の値と等しい. しかし，実際には，偏導関数は，

$$\frac{\partial f}{\partial x_i} = \frac{\partial f}{\partial X_i} \bigg|_{x_1, x_2, \cdots, x_N}$$

　　　　によって推定する.

　注記 2　合成標準不確かさ $u_c(y)$ は，式(11a)において $c_i u(x_i)$ を

$$Z_i = \frac{1}{2} \{ f[x_1, \cdots, x_i + u(x_i), \cdots, x_N] - f[x_1, \cdots, x_i - u(x_i), \cdots, x_N] \}$$

と置くことによって，数値的に計算できる．すなわち，$u_i(y)$は，x_iが$+u(x_i)$及び$-u(x_i)$だけ変化したときのyの変化を計算することによって数値的に求められる．この場合，$u_i(y)$の値は$|Z_i|$，対応する感度係数c_iの値は$Z_i/u(x_i)$とみなす．

例 **4.1.1** の例について，表記の簡略化のため，量及びその推定値の両方に同じ記号を用いると，次の式を得る．

$$c_1 \equiv \partial P/\partial V = 2V/\{R_0[1+\alpha(t-t_0)]\} = 2P/V$$
$$c_2 \equiv \partial P/\partial R_0 = -V^2/\{R_0^2[1+\alpha(t-t_0)]\} = -P/R_0$$
$$c_3 \equiv \partial P/\partial \alpha = -V^2(t-t_0)/\{R_0[1+\alpha(t-t_0)]^2\}$$
$$= -P(t-t_0)/[1+\alpha(t-t_0)]$$
$$c_4 \equiv \partial P/\partial t = -V^2\alpha/\{R_0[1+\alpha(t-t_0)]^2\} = -P\alpha/[1+\alpha(t-t_0)]$$

及び

$$u^2(P) = \left(\frac{\partial P}{\partial V}\right)^2 u^2(V) + \left(\frac{\partial P}{\partial R_0}\right)^2 u^2(R_0) + \left(\frac{\partial P}{\partial \alpha}\right)^2 u^2(\alpha)$$
$$+ \left(\frac{\partial P}{\partial t}\right)^2 u^2(t)$$
$$= [c_1 u(V)]^2 + [c_2 u(R_0)]^2 + [c_3 u(\alpha)]^2 + [c_4 u(t)]^2$$
$$= u_1^2(P) + u_2^2(P) + u_3^2(P) + u_4^2(P)$$

5.1.4 感度係数$\partial f/\partial x_i$は，関数fから計算する代わりに，実験によって決定することがある．すなわち，他の入力量を一定に保ったときの，ある特定のX_iの変化がもたらすYの変化を測定して得られる．この場合には，関数fに関する知識（幾つかの感度係数だけをこのように決定するときはその知識の一部）は，測定された感度係数に基づく実験的な1次のテイラー級数展開に限定される．

5.1.5 測定対象量Yに関する式(1)を入力量X_iの公称値$X_{i,0}$のまわりに展開すれば，1次まで取って（これは通常妥当な近似である．），$Y = Y_0 + c_1\delta_1 + c_2\delta_2 + \cdots + c_N\delta_N$を得る．ここで，$Y_0 = f(X_{1,0}, X_{2,0}, \cdots, X_{N,0})$，$c_i$は$X_i = X_{i,0}$における$c_i = (\partial f/\partial X_i)$，$\delta_i = X_i - X_{i,0}$である．こうして不確かさの解析の目

5 合成標準不確かさの決定   53

的の場合には，ある測定対象量は通常，その入力量を X_i から δ_i に変換することによって，その変数の1次関数として近似できる（**E.3.1** 参照）．

例 **4.3.7 の例2**によって，測定対象量 V の値の推定値は $V = \overline{V} + \Delta \overline{V}$ となり，ここに，$\overline{V} = 0.928\ 571\ V$，$u(\overline{V}) = 12\ \mu V$，付加補正 $\Delta \overline{V} = 0$ 及び $u(\Delta \overline{V}) = 8.7\ \mu V$ である．$\partial V / \partial \overline{V} = 1$ 及び $\partial V / \partial (\Delta \overline{V}) = 1$ であることから，V の合成分散は，

$$u_c^2(V) = u^2(\overline{V}) + u^2(\Delta \overline{V}) = (12\ \mu V)^2 + (8.7\ \mu V)^2$$
$$= 219 \times 10^{-12}\ V^2$$

で与えられ，合成標準不確かさは $u_c(V) = 15\ \mu V$ となる．これは 16×10^{-6} の相対合成標準不確かさ $u_c(V)/V$ に相当する（**5.1.6** 参照）．この例では，測定対象量が既にそれが従属する量の1次関数となっており，係数は $c_i = +1$ である．式(10)によって，$Y = c_1 X_1 + c_2 X_2 + \cdots + c_N X_N$，かつ，定数 c_i が $+1$ 又は -1 であれば，$u_c^2(y) = \sum_{i=1}^{N} u^2(x_i)$ が導かれる．

5.1.6　Y が $Y = c X_1^{p_1} X_2^{p_2} \cdots X_N^{p_N}$ の形で表され，かつ，指数 p_i が無視できる不確かさをもつ既知の正又は負の数である場合は，式(10)の合成分散は次の式となる．

$$[u_c(y)/y]^2 = \sum_{i=1}^{N} [p_i u(x_i)/x_i]^2 \quad \cdots\cdots\cdots\cdots\cdots\cdots\cdots\cdots\cdots\cdots (12)$$

この式は式(11a)と同じ形をもつが，合成分散 $u_c^2(y)$ は相対合成分散 $[u_c(y)/y]^2$ として，各入力推定値の推定分散 $u^2(x_i)$ は推定相対分散 $[u(x_i)/x_i]^2$ として表される［相対合成標準不確かさは $u_c(y)/|y|$，各入力推定値の相対標準不確かさは $u(x_i)/|x_i|$ である．ここで，$|y| \neq 0$ 及び $|x_i| \neq 0$ とする．］．

注記1　Y がこの形をもつときは，変数の1次関数への変換は（**5.1.5** 参照）$X_i = X_{i,0}(1 + \delta_i)$ と置くことによって容易に達成できる．なぜなら，近似的に関係式，$(Y - Y_0)/Y_0 = \sum_{i=1}^{N} p_i \delta_i$ が成り立つからである．一方で，対数変換 $Z = \ln Y$ 及び $W_i = \ln X_i$ を行うと，新しい変数について正確に線形化した式，$Z = \ln c + \sum_{i=1}^{N} p_i W_i$ が導かれる．

注記2 各 p_i が +1 又は −1 のいずれかであるとすると，式(12)は $[u_c(y)/y]^2 = \sum_{i=1}^{N} [u(x_i)/x_i]^2$ となり，この特別な場合に対し，推定値 y の相対合成分散は，単純に入力推定値 x_i の推定相対分散の和に等しいことを示す．

5.2 相関のある入力量

5.2.1 式(10)並びにその式によって導かれる式(11a)及び式(12)のような式は，入力量 X_i（確率変数であって，不変であると仮定される物理量ではない．**4.1.1** の**注記1**参照）が互いに独立な，すなわち相関のない場合にだけ成り立つ．X_i の幾つかの間の相関関係が無視できない場合には，この相関を考慮しなければならない．

5.2.2 入力量に相関があるときは，測定結果の合成分散 $u_c^2(y)$ の適切な式は，

$$u_c^2(y) = \sum_{i=1}^{N} \sum_{j=1}^{N} \frac{\partial f}{\partial x_i} \frac{\partial f}{\partial x_j} u(x_i, x_j)$$

$$= \sum_{i=1}^{N} \left(\frac{\partial f}{\partial x_i} \right)^2 u^2(x_i) + 2 \sum_{i=1}^{N-1} \sum_{j=i+1}^{N} \frac{\partial f}{\partial x_i} \frac{\partial f}{\partial x_j} u(x_i, x_j) \quad (13)$$

で表される．ここに，x_i 及び x_j はそれぞれ X_i 及び X_j の推定値で，$u(x_i, x_j) = u(x_j, x_i)$ は x_i と x_j とに関する推定共分散である．x_i と x_j との間の相関の程度は次の推定された**相関係数**（**C.3.6**）によって特徴付けられる．

$$r(x_i, x_j) = \frac{u(x_i, x_j)}{u(x_i)u(x_j)} \quad \cdots\cdots\cdots\cdots\cdots\cdots\cdots\cdots\cdots\cdots\cdots (14)$$

ここに，$r(x_i, x_j) = r(x_j, x_i)$ 及び $-1 \leqq r(x_i, x_j) \leqq +1$ である．推定値 x_i と x_j とが独立な場合は，$r(x_i, x_j) = 0$ であり，一方の量の変化が他の量に予測し得る変化を伴うことを意味しない（詳しい議論は，**C.2.8**，**C.3.6** 及び **C.3.7** を参照．）．

共分散から解釈の容易な相関係数を用いて表すと，式(13)の共分散の項は次のように書き換えられる．

$$2 \sum_{i=1}^{N-1} \sum_{j=i+1}^{N} \frac{\partial f}{\partial x_i} \frac{\partial f}{\partial x_j} u(x_i)u(x_j)r(x_i, x_j) \quad \cdots\cdots\cdots\cdots\cdots (15)$$

5 合成標準不確かさの決定   55

こうして，式(13)は，式(11b)を用いて，次のようになる．

$$u_c^2(y) = \sum_{i=1}^{N} c_i^2 u^2(x_i) + 2 \sum_{i=1}^{N-1} \sum_{j=i+1}^{N} c_i c_j u(x_i) u(x_j) r(x_i, x_j) \quad (16)$$

注記1　全ての入力推定値が相関係数 $r(x_i, x_j) = +1$ で完全な相関をもつ
という，極めて特殊な場合については，式(16)は次のように簡単
になる．

$$u_c^2(y) = \left[\sum_{i=1}^{N} c_i u(x_i) \right]^2 = \left[\sum_{i=1}^{N} \frac{\partial f}{\partial x_i} u(x_i) \right]^2$$

したがって，合成標準不確かさ $u_c(y)$ は，単に各入力推定値 x_i
の標準不確かさによって生じる出力推定値 y の変化を表す項の線
形和となる（**5.1.3** 参照）[この線形和は誤差伝ぱの一般則と同じ
形をもつが，これと混同してはならない．すなわち，標準不確か
さは誤差ではない（**E.3.2** 参照）．]．

例　それぞれ $R_i = 1\,000\ \Omega$ の公称値をもつ 10 個の抵抗体を，校正証明書
に記されている $u(R_s) = 100\ \mathrm{m}\Omega$ の標準不確かさで特徴付けられた同
じ $1\,000\ \Omega$ の標準抵抗器 R_s を用いて校正する．ただし，校正におけ
る比較測定の不確かさは無視できるものとする．10 個の抵抗体は無
視できるほど小さい抵抗をもつ線で，公称値 $10\ \mathrm{k}\Omega$ の参照抵抗器 R_{ref}
を得るために直列につないである．したがって，$R_{ref} = f(R_i) = \sum_{i=1}^{10} R_i$
である．抵抗体の各対に対して，$r(x_i, x_j) = r(R_i, R_j) = +1$（**F.1.2.3**
の**例2**参照）であるから，この注記の式が適用できる．各抵抗体に
対して，$\partial f/\partial x_i = \partial R_{ref}/\partial R_i = 1$ 及び $u(x_i) = u(R_i) = u(R_s)$（**F.1.2.3**
の**例2**参照）であるから，この式は R_{ref} の合成標準不確かさに対して，
$u_c(R_{ref}) = \sum_{i=1}^{10} u(R_s) = 10 \times (100\ \mathrm{m}\Omega) = 1\ \Omega$ を与える．式(10)によっ
て得られる $u_c(R_{ref}) = \left[\sum_{i=1}^{10} u^2(R_s) \right]^{1/2} = 0.32\ \Omega$ という結果は，10 個
の抵抗体の全ての校正値に相関があることを考慮していないため，正
しくはない．

注記2　推定分散 $u^2(x_i)$ 及び推定共分散 $u(x_i, x_j)$ は要素 u_{ij} をもつ共分散

行列の要素とみなす．この行列の対角要素は分散 $u^2(x_i)$ であり，非対角要素 $u_{ij}(i \neq j)$ は共分散 $u(x_i, x_j) = u(x_j, x_i)$ である．二つの入力推定値に相関がない場合は，その共分散並びに共分散行列の対応する要素 u_{ij} 及び u_{ji} は 0 である．入力推定値が全て相関のない場合，非対角要素は全てゼロで，共分散行列は対角行列となる（**C.3.5** も参照）．

注記 3 数値計算の目的のために，式(16)を次のように書き直す．

$$u_c^2(y) = \sum_{i=1}^{N} \sum_{j=1}^{N} Z_i Z_j r(x_i, x_j)$$

ここに，Z_i は **5.1.3** の**注記 2** に述べてある．

注記 4 **5.1.6** で考えた特別な形をもつ X_i に相関があるときは，次の項

$$2 \sum_{i=1}^{N-1} \sum_{j=i+1}^{N} [p_i u(x_i)/x_i][p_j u(x_j)/x_j] r(x_i, x_j)$$

を式(12)の右辺に加えなければならない．

5.2.3 ランダムに変化する二つの量 q 及び r の期待値 μ_q 及び μ_r を推定する二つの相加平均 $\overline{q}$ 及び $\overline{r}$ を考え，その $\overline{q}$ 及び $\overline{r}$ は同じ測定条件の下で行った q と r との同時観測の，n 個の独立な組によって計算するとしよう（**B.2.15** 参照）．そのとき，$\overline{q}$ と $\overline{r}$ との共分散は次の式によって推定する（**C.3.4** 参照）．

$$s(\overline{q}, \overline{r}) = \frac{1}{n(n-1)} \sum_{k=1}^{n} (q_k - \overline{q})(r_k - \overline{r}) \quad \cdots\cdots\cdots\cdots\cdots(17)$$

ここに，q_k 及び r_k はそれぞれ二つの量 q 及び r の個々の観測値で，$\overline{q}$ 及び $\overline{r}$ は式(3)を用いて観測値によって計算する．実際に，観測値に相関がないならば，計算した共分散は 0 に近いと期待される．

このように，相関のある二つの入力量 X_i と X_j との推定共分散は，繰返し同時観測値の独立な組から求められる平均値 $\overline{X}_i$ 及び $\overline{X}_j$ によって推定する場合，$u(x_i, x_j) = s(\overline{X}_i, \overline{X}_j)$ で与えられ，$s(\overline{X}_i, \overline{X}_j)$ は式(17)によって計算する．式(17)をこのように用いることは，共分散のタイプ A 評価である．$\overline{X}_i$ と $\overline{X}_j$ との相関係数の推定値は式(14)によって求め，$r(x_i, x_j) = r(\overline{X}_i, \overline{X}_j) =$

$s(\overline{X}_i, \overline{X}_j)/[s(\overline{X}_i)s(\overline{X}_j)]$ となる.

注記 式(17)によって計算するような共分散を用いる必要のある例は,**H.2** 及び **H.4** で述べる.

5.2.4 無視し得ない標準不確かさをもつ同一の測定機器,物理測定標準又は参照データを二つの入力量の決定に用いるならば,それらの入力量の間の相関は無視できないかもしれない.例えば,ある温度計を入力量 X_i の値の推定に必要な温度補正を決めるために用い,また,その同じ温度計を入力量 X_j の推定に必要な同様の温度補正を決めるために用いるとすると,二つの入力量は有意な相関をもつ可能性がある.しかし,この例の X_i 及び X_j を補正前の量であると再定義し,そして,温度計の校正曲線を決める量を独立な標準不確かさをもつもう一つの入力量として含めれば,X_i と X_j との間の相関は取り除かれる(より詳しい議論は,**F.1.2.3** 及び **F.1.2.4** を参照.).

5.2.5 入力量の間に有意な相関があれば,それを無視することはできない.対応する共分散は,相関のある入力量を変化させることによって実行可能な場合は実験的に評価し(**C.3.6** の**注記 3** 参照),又は,問題となっている量の相関変動についてのプールされた入手可能な情報を用いることによって評価する(共分散のタイプ B 評価)ことが望ましい.周囲温度,大気圧及び湿度のような共通の影響量の効果に起因する入力量の間の相関の程度を推定するときには,経験及び一般知識に基づく洞察力(**4.3.1** 及び **4.3.2** 参照)が,特に必要である.幸いにも,多くの場合には,このような影響量の効果は無視できるほどの相互依存性しかなく,影響を受けた入力量は相関がないと仮定できる.しかし,相関がないと仮定できない場合は,**5.2.4** で示したように,共通の影響量をもう一つの独立な入力量として導入すれば,相関を避けられる.

6 拡張不確かさの決定

6.1 はじめに

6.1.1 この標準仕様書が準拠する不確かさの表現に関する作業部会の**勧告 INC-1（1980）**（序文参照）並びにこの **INC-1（1980）** を承認し再確認した

58   TS Z 0033:2012（ISO/IEC Guide 98-3:2008）

CIPM の勧告 1（**CI-1981**）及び**勧告 1**（**CI-1986**）（**A.2** 及び **A.3** 参照）は，
測定の結果の不確かさを定量的に表すパラメータとして合成標準不確かさ
$u_c(y)$ を用いることを主張している．実際に，この勧告の第 2 項において，
CIPM は，今，合成標準不確かさ $u_c(y)$ と呼んでいるものを，"**CIPM** 及び諮
問委員会の主導のもとで行われる全ての国際比較又は他の仕事の結果を報告す
るときに，全ての参加者が" 使用することを要請した．

6.1.2 $u_c(y)$ は，ある測定結果の不確かさを表すために普遍的に使用できる
が，商取引，産業及び法規制上のある適用並びに健康及び安全に関わる場合に
は，合理的に測定対象量に結び付けられ得る値の分布の大部分を含むと期待で
きる測定結果のまわりの区間を定める不確かさの尺度を与えることがしばしば
必要である．このような要求があることを上述の作業部会は認識し，**勧告**
INC-1（**1980**）の段落 5 を規定した．このことはまた，**CIPM** の勧告 1（**CI-**
1986）にも反映されている．

6.2   拡張不確かさ

6.2.1   **6.1.2** で述べたような区間を定めるという要求を満たす，もう一つの
不確かさの測度を拡張不確かさと呼び，U の記号で表す．拡張不確かさ U は，
合成標準不確かさに包含係数 k を乗じて求める．すなわち，

$$U = ku_c(y) \quad\cdots\cdots\cdots\cdots\cdots\cdots\cdots\cdots\cdots\cdots\cdots\cdots (18)$$

測定の結果を便宜的に $Y = y \pm U$ と表現する．これは，測定対象量 Y に結び付
けられる値の最良推定値が y であり，$y-U \sim y+U$ の区間は合理的に Y に結び
付けられ得る値の分布の大部分を含むと期待できる区間であることを意味する．
このような区間を $y-U \leq Y \leq y+U$ とも表現する．

6.2.2   信頼区間（**C.2.27**, **C.2.28**）**及び信頼水準**（confidence level）（**C.2.29**）
の用語は統計学上の明確な定義をもっており，$u_c(y)$ に寄与する不確かさの成
分が全てタイプ A 評価から求められているなどの条件が満たされるときに
限って，U によって定義される区間に適用することが可能である．したがって，
この標準仕様書では，U によって定義される区間について述べるとき，"信頼"
という語は "区間" を修飾するものとしては使用しない．この区間との関連で

は，“信頼水準”という用語を使用せず，“信頼の水準”(level of confidence)を用いる．より具体的には，U を，測定結果とその合成標準不確かさとによって特徴付けられる確率分布の大部分 p を含む測定結果のまわりの区間を定義するものと解釈する．p は区間の包含確率又は信頼の水準である．

6.2.3　実行できるならばいつも，U によって定められる区間に関連する信頼の水準 p を推定し，表明する必要がある．$u_c(y)$ にある定数を乗じるということは，新しい情報を与えるということではなく，既に得られた情報を違った形で提示していると認識すべきである．しかし，多くの場合，信頼の水準 p（特に，1 に近い p の値に対して）はむしろ不確かなものであることも認識しておくべきである．それは，y と $u_c(y)$ によって特徴付けられる確率分布についての知識が（特に両極端の部分で）不十分であるだけでなく，$u_c(y)$ そのものの不確かさによるためでもある（**2.3.5** の**注記 2**，**6.3.2**，**6.3.3** 及び**附属書 G**，特に **G.6.6** 参照）．

　　注記　不確かさの尺度が $u_c(y)$ 又は U であるときに，ある測定の結果を述べる望ましい方法については，**7.2.2** 及び **7.2.4** をそれぞれ参照する．

6.3　包含係数の選択

6.3.1　包含係数 k の値は $y-U \sim y+U$ の区間に要求される信頼の水準を基に選択される．一般に，k は 2 と 3 との間にある．しかし，特殊な適用では，k はこの範囲外にあることがある．ある測定結果が適用されるであろう使用法についての豊富な経験と完全な知識があれば k の適正な値の選定が可能である．

　　注記　報告された測定の結果に対して，系統効果に対するある既知の補正 b を加えないで，その代わりに結果に与える“不確かさ”を大きくすることで，この効果を考慮しようとする試みを時折見ることがある．しかし，これは避けるべきである．極めて特殊な状況のときにだけ，有意な既知の系統効果に対する補正を測定の結果に加えなくてもよいことがある（この特別な場合とその扱いについては **F.2.4.5** 参照）．測定結果の不確かさの評価を，ある量に安全の限界を与えることと混同してはならない．

6.3.2　理想的には，95 又は 99 パーセントのような基準で，ある特定の信頼の水準 p に対応する区間 $Y = y \pm U = y \pm k u_c(y)$ を定める包含係数 k の特定の値を選択できることを望むであろう．また，同様の意味で，ある任意の k の値に対し，その区間に付随する信頼の水準を明快に述べることを望むであろう．しかし，これを実際に行うのは容易ではなく，そのためには測定結果 y とその合成標準不確かさ $u_c(y)$ によって特徴付けられる確率分布についての広範な知識を必要とする．これらのパラメータは極めて重要であるが，正確に知られた信頼の水準をもつ区間を定める目的には，パラメータそのものが十分ではない．

6.3.3　**勧告 INC-1（1980）** は k と p との間の関係をどのように定めるかについて明示していない．この問題を**附属書 G** で議論し，その近似的解決のための望ましい方法を **G.4** で述べ，**G.6.4** で要約する．しかし，**G.6.6** で説明するように，より簡単な方法は，y と $u_c(y)$ によって特徴付けられる確率分布が近似的に正規分布であり $u_c(y)$ の有効自由度が十分大きい場合の測定の状況において，しばしば適切なものである．実際問題としてよく起こるこのような場合には，$k = 2$ を取ると約 95 パーセントの信頼の水準をもつ区間となり，$k = 3$ を取ると約 99 パーセントの信頼の水準をもつ区間となることを仮定することができる．

> 注記　$u_c(y)$ の有効自由度を評価する方法については，**G.4** で述べる．**表 G.2** は，上述の解決が特定の測定に適切かどうかを判断する助けとなる（**G.6.6** 参照）．

7　不確かさの報告

7.1　一般の手引き

7.1.1　一般に，測定の階層を上っていくほど，ある測定結果とその不確かさをどのように求めたかを，より詳細に述べることが要求される．一方，測定の階層のどの段階においても，市場における商取引及び法規制活動，産業における工業技術，下位の校正設備，工業研究開発，学術研究，産業標準及び校正機関，更には国家標準研究所及び **BIPM** を含めて，測定の再評価に必要な情報

7 不確かさの報告 61

の全てをそれを必要とする他の人々が利用できることが望ましい．そこでの基本的な違いは，階層の連鎖の下位側の段階ほど，より多くの必要な情報が，校正及び試験体系報告書，試験仕様書，校正及び試験証明書，説明書，国際規格，国家規格，及び地域における規制などの形で利用可能なことである．

7.1.2　例えば，校正結果を証明書で報告する場合によくあるように，結果の不確かさがどのように評価されたかを含む測定の詳細が，公表された文書を参照することで提供されるときは，これらの公表文書を，実際に使用している測定手順と整合するように，常に最新のものに保つことが必要不可欠である．

7.1.3　産業及び商取引において，数多くの測定が不確かさの明確な報告なしに毎日行われている．しかし，その多くの測定は，定期的な校正又は法的検査を受けた機器を用いて行われている．これらの機器がその仕様書又は適用される現行の規範文書に適合していることが分かれば，機器の指示値の不確かさをこれらの仕様書又は規範文書から推測することができる．

7.1.4　実際には，ある測定結果を文書化するのに必要な情報の量はその使用目的に依存するが，何が要求されるかの基本原則は変わるものではない．すなわち，ある測定結果とその不確かさを報告するとき，情報が少な過ぎるよりも多過ぎるほどに提供する方が望ましい．例えば，次の記述が望ましい．

a)　実験観測値と入力データとから測定結果及びその不確かさを計算するのに用いられた方法を明確に記述する，

b)　不確かさの全ての成分を列挙し，それらがどのように評価されたかを完全に記載する，

c)　必要に応じてデータ解析の重要な各段階を容易に追跡でき，また，報告された結果の計算を独立に繰り返すことができるように，そのデータ解析を提示する，

d)　その解析に用いられた全ての補正と定数及びそれらの出所を与える．

　上述の事項を点検するには，"将来，もし新しい情報又はデータが利用可能になったとき，私の結果を更新することができるほど十分明快な方法で，必要な情報を提供しただろうか？"と自問するとよい．

7.2 特別な手引き

7.2.1 ある測定の結果を報告するとき，不確かさの測度が合成標準不確かさ $u_c(y)$ である場合，次の記述が望ましい.

a) 測定対象量 Y をどのように定義したかを完全に記述する，

b) 測定対象量 Y の推定値 y とその合成標準不確かさ $u_c(y)$ を与える．ここに，y と $u_c(y)$ には単位を必ず付ける，

c) 適切ならば，相対合成標準不確かさ $u_c(y)/|y|$，$|y| \neq 0$ を含める，

d) 7.2.7 で要約する情報を与える又はそれを内容に含む公表文書を参照する，

　測定結果の意図的な使用者にとって，例えば，将来の包含係数の計算の助けとなる，又は，測定の理解に役立つと考えられるならば，次のものを示してもよい.

— 推定有効自由度 ν_{eff}（**G.4** 参照），

— タイプ A 及びタイプ B の合成標準不確かさ $u_{cA}(y)$ 及び $u_{cB}(y)$ 並びにそれらの推定有効自由度 ν_{effA} 及び ν_{effB}（**G.4.1** の**注記 3** 参照）.

7.2.2 不確かさの尺度が $u_c(y)$ であるときは，誤解を防ぐために，測定結果の数値を次の四つの方法のうちの一つで表現するのがよい（値を報告する量は公称 100 g の質量標準器の質量 m_s とする．また，結果を報告する文書中で u_c が定義されている場合には，括弧内の語は簡略化のため省略してもよい.）

1) "$m_s = 100.021\,47\,\mathrm{g}$, ただし，（合成標準不確かさ）$u_c = 0.35\,\mathrm{mg}$",

2) "$m_s = 100.021\,47\,(35)\,\mathrm{g}$, ここに，括弧内の数は表示された結果の対応する最後の桁の数字で表した（合成標準不確かさ）u_c の数値である.",

3) "$m_s = 100.021\,47\,(0.000\,35)\,\mathrm{g}$, ここに，括弧内の数は表示された結果の単位で表した（合成標準不確かさ）u_c の数値である.",

4) "$m_s = (100.021\,47 \pm 0.000\,35)\,\mathrm{g}$, ここに，記号 ± に続く数は（合成標準不確かさ）u_c の数値であって，信頼区間ではない.".

　　注記 上記の ± の様式は，従来から高い信頼の水準に対応する区間を示すのに用いられ，拡張不確かさと混同することがあるため，可能ならば避けるのが望ましい（**7.2.4** 参照）．さらに，**4)** の注意書きの目

7 不確かさの報告   63

的はこのような混乱を防ぐためではあるが，$Y = y \pm u_c(y)$ と書くことは，特にこの注意書きが偶然に省略されると，$k = 1$ の拡張不確かさを意図することになり，また区間 $y - u_c(y) \leqq Y \leqq y + u_c(y)$ の区間が正規分布に結び付いた特定の信頼の水準 p をもつことを意味すると誤解されることがある（**G.1.3** 参照）．**6.3.2** 及び**附属書 G** で示すように，このように $u_c(y)$ を解釈することを正当化するのは通常難しい．

7.2.3　ある測定の結果を報告するとき，不確かさの尺度が拡張不確かさ $U = ku_c(y)$ である場合，次の記述が望ましい．

a)　測定対象量 Y をどのように定義したかを完全に記述する．

b)　測定の結果を $Y = y \pm U$ と表記し，y 及び U の単位を付ける．

c)　適切ならば，相対拡張不確かさ $U|y|$，$y \neq 0$ を含める．

d)　U を求めるために用いた k の値を与える［又は，結果の使用者の便宜のため，k 及び $u_c(y)$ の両方を与える．］．

e)　区間 $y \pm U$ に結び付いたおよその信頼の水準を与え，また，それをどのように決めたかを述べる．

f)　**7.2.7** で要約する情報を与えるか，又はこれを内容に含む公表文書を参照する．

7.2.4　不確かさの尺度が U であるときは，最大限明快にするために，測定の数値結果を次の例に示すように述べるのがよい（U，u_c 及び k が結果を報告する文書中の他のどこかで定義されている場合，括弧内の語は簡略化のため省略してもよい．）．

"$m_s = (100.021\,47 \pm 0.000\,79)\,\mathrm{g}$，ここで，記号 $\pm$ に続く数値は（拡張不確かさ）$U = ku_c$ の数値であり，U は（合成標準不確かさ）$u_c = 0.35\,\mathrm{mg}$ と $\nu = 9$ の自由度に対する t 分布に基づく（包含係数）$k = 2.26$ とから決定されたもので，95 パーセントの信頼の水準をもつと推定される区間を定める．"

7.2.5　ある測定が複数の測定対象量を同時に決定する場合，すなわち，それが二つ以上の出力推定値 y_i を提示する場合（**H.2**，**H.3** 及び **H.4** 参照）には，

64 TS Z 0033:2012（ISO/IEC Guide 98-3:2008）

y_i 及び $u_c(y_i)$ のほかに，共分散行列要素 $u(y_i, y_j)$ 又は（及び）**相関係数行列**
（**C.3.6 の注記 2**）の要素 $r(y_i, y_j)$ （できれば両方を）を与える.

7.2.6 推定値 y とその標準不確かさ $u_c(y)$ 又は拡張不確かさ U との数値は，
余分の桁数の数字を与えないことが望ましい. 通常，$u_c(y)$ 及び U を［入力推
定値 x_i の標準不確かさ $u(x_i)$ も同様に］引用するには，多くとも 2 桁の有効数
字で十分である. ときには，次いで行われる計算の丸めの誤差を避けるために，
追加の桁を残しておく必要があることもある.

 最終結果の報告には，不確かさを切り上げる方が最も近い数字よりも適切な
場合が時々ある. 例えば，$u_c(y) = 10.47$ mΩ は 11 mΩ に切り上げる. しかし，
一般の常識が優先されるべきで，$u(x_i) = 28.05$ kHz のような値は 28 kHz に切
り下げるのが望ましい. 出力及び入力推定値はそれらの不確かさに整合するよ
うに丸めるべきであり，例えば，$u_c(y) = 27$ mΩ となる $y = 10.057\,62$ Ω の場合，
y は 10.058 Ω に丸めるとよい. 相関係数は，その絶対値が 1 に近ければ，3 桁
の数字で与えるのが望ましい.

7.2.7 ある測定の結果とその不確かさがどのように求められたかを記述する
詳細な報告では，**7.1.4** の勧告に従うべきであり，したがって，次のことが望
ましい.

a) 各入力量 x_i の値とそれらの標準不確かさを与えるとともに，それらがどの
ように求められたかを記述する.

b) 相関のある全ての入力量の推定共分散又は推定相関係数（できれば両方），
及びそれらを求めるのに用いた方法を与える.

c) 各入力推定値の標準不確かさの自由度とそれがどのように求められたかを
与える.

d) 関数関係 $Y = f(X_1, X_2, \cdots, X_N)$ 及び，役立つと思われるなら，偏微分係
数又は感度係数 $\partial f/\partial x_i$ を与える. しかし，これらの係数を実験によって
決めた場合には，これらの係数を与えることが望ましい.

 注記 関数関係 f は非常に複雑な場合もあり，また，明らかな形ではなく
  コンピュータプログラムとしてだけ存在することもあるため，f と

その微分係数を与えることがいつも可能であるとは限らない．そのようなとき，関数fは，一般項で記述するか，又は，用いたプログラムを適切な参考文献によって引用してもよい．このような場合には，測定対象量Yの推定値yとその合成標準不確かさ$u_c(y)$がどのように求められたかを明らかにすることが重要である．

8 不確かさの評価と表現の手順のまとめ

この標準仕様書において提示された，ある測定の結果の不確かさを評価し，表現するために従うべき手順の各段階は次のように要約される．

1) 測定対象量YとYが従属する入力量X_iとの関係を，$Y=f(X_1, X_2, \cdots, X_N)$の形で数学的に表す．関数$f$は，測定の結果に対して有意な不確かさの成分として寄与する，全ての補正及び補正係数を含むどの量も入れるべきである（**4.1.1**及び**4.1.2**参照）．

2) 一連の観測値の統計学的解析に基づくか，又は他の方法によって，入力量X_iの推定値x_iを決定する（**4.1.3**参照）．

3) 各々の入力推定値x_iの標準不確かさ$u(x_i)$を求める．一連の観測値の統計学的解析から求めた入力推定値に対して，標準不確かさは**4.2**で述べたように評価される（標準不確かさのタイプ A 評価）．他の手段によって求めた入力推定値に対して，標準不確かさ$u(x_i)$は**4.3**で述べたように求められる（標準不確かさのタイプ B 評価）．

4) 相関のある入力推定値の共分散を求める（**5.2**参照）．

5) 測定の結果，すなわち，測定対象量Yの推定値yを，段階2で求めた入力量X_iの推定値x_iを用いて，関数関係fから計算する（**4.1.4**参照）．

6) 箇条**5**で述べたように，入力推定値の標準不確かさと共分散から，測定結果yの合成標準不確かさ$u_c(y)$を決定する．測定が複数の出力量を同時に決定するときは，それらの共分散を計算する（**7.2.5**，**H.2**，**H.3**及び**H.4**参照）．

7) 合理的に測定対象量Yに結び付けられ得る値の分布の大部分を含むと期

待される$y-U$から$y+U$の区間を決めることを目的にした拡張不確かさ U を与える必要があるときは，$U = ku_c(y)$を求める．すなわち，合成標準不確かさに，通常 $2 \sim 3$ の範囲にある包含係数 k を乗じる．包含係数 k はその区間に要求される信頼の水準に基づいて選択する（**6.2**，**6.3** 及び特に **附属書 G** を参照，**附属書 G** では，特定の値に近い信頼の水準をもつ区間を定める k の値の選択について述べている．）．

8) **7.2.1** 及び **7.2.3** で述べたように，測定結果 y とその合成標準不確かさ $u_c(y)$ 又は拡張不確かさ U を報告する．このとき，**7.2.2** 及び **7.2.4** で推奨した様式の一つを用いる．箇条 **7** でも述べたように，y と $u_c(y)$ 又は U がどのように求められたかを記述する．

附属書 A
作業部会及び CIPM の勧告

A.1　勧告 INC-1 (1980)

不確かさの表明に関する作業部会 (まえがき参照) は, 国際度量衡委員会 (**CIPM**) の要請に応えて, 国際度量衡局 (**BIPM**) によって 1980 年 10 月に開催された. この作業部会は **CIPM** の審議のための詳細な報告書を作成し, その結論が**勧告 INC-1** (**1980**) となった[2]. この勧告の英語訳文はこの標準仕様書の **0.7** に収録してあるが, 公用語である仏語原文は次のとおりである [2].

[勧告 INC-1 (1980) 仏語原文]
(原文のまま転記. ここでは省略)

A.2　勧告 1 (CI-1981)

CIPM は, 不確かさの表現に関する作業部会から提出された報告を審議し, 1981 年 10 月に開催された第 70 回委員会会議において次の勧告を採択した[3].

勧告 1 (CI-1981)
実験の不確かさの表現
国際度量衡委員会は,

— 計測計量における測定の不確かさを表現する方法について同意を得る必要性,

— 多年にわたって多くの機関がこの目的に捧げた努力,

— 1980 年に **BIPM** で開催された不確かさの表現に関する作業部会の討論の結果, 受け入れ可能な解決がもたらされるという大きな前進,

　を考慮し,

— この作業部会の提案が不確かさの表現についての最終的な合意の基礎とな

68   TS Z 0033:2012（ISO/IEC Guide 98-3:2008）

り得るものであること，

を認識し，

― この作業部会の提案が広く周知されること，

― **BIPM** が将来その主催のもとで実施する国際比較に対してこの提案に含まれる原則を適用するよう努力すること，

― 他の関連機関にこれらの提案を審議し，試してみるとともに，それらの意見を **BIPM** に知らせることを推奨すること，

― 2 年又は 3 年の後，**BIPM** はこの提案の適用について改めて報告すること，

を勧告する．

A.3　勧告 1（CI-1986）

CIPM は，1986 年 10 月に開催された第 75 回委員会会議において不確かさの表現に関する問題を更に討議し，次の勧告を採択した[4]．

勧告 1（CI-1986）

CIPM の主催のもとで行われる仕事における不確かさの表現

国際度量衡委員会は，

不確かさの表現に関する作業部会による**勧告 INC-1（1980）** の採択及び**CIPM** による**勧告（CI-1981）** の採択

を考慮し，

また，諮問委員会の委員がその権限範囲内の仕事の目的，特に国際比較のために，この勧告の明確化を望んでいること

を考慮し，

特定の適用，特に，商取引上重要な適用に関わる**勧告 INC-1（1980）** の段落 5 が，**CIPM** の同意と協力のもとで，**ISO，OIML** 及び **IEC** が参加した国際標準化機構（**ISO**）作業部会において現在討議されていること

を認識し，

CIPM 及び諮問委員会の主催のもとで行われる国際比較及びその他の仕事

の結果の報告において，参加者の全てが**勧告 INC-1**（**1980**）の段落 4 を適用すること，及び，タイプ A とタイプ B 不確かさとを合成し 1 標準偏差の形で表した不確かさを報告すること

を要請する．

70

附属書 B
一般計測用語

B.1 定義の出典

この標準仕様書に関連する一般計測用語の定義は，国際計量基本用語集（**VIM** と略称）第 2 版（1993 年）[6] から採用した．この **VIM** はその企画を支援し，原案作成の専門家を指名した七つの国際機関，すなわち，国際度量衡局（**BIPM**），国際電気標準会議（**IEC**），国際臨床化学連合（**IFCC**），国際標準化機構（**ISO**），国際純正応用化学連合（**IUPAC**），国際純粋応用物理学連合（**IUPAP**）及び国際法定計量機関（**OIML**）の名のもとに，**ISO** によって出版された．この附属書又は本体中で定義されていない用語については，この **VIM** を定義の最初の出典として参照することが望ましい．

> 注記 基礎統計用語とその概念は**附属書 C** に掲載され，また"真の値"，"誤差"及び"不確かさ"の用語は，**附属書 D** で更に議論されている．

> **2008 年版への注記** 用語集の第 3 版が 2008 年に，**JCGM 200**:2008 国際計量用語集—基本及び一般概念並びに付随用語（**VIM**）の名で出版されている．

> 訳注 国際計量基本用語集（**VIM**）の最新版は第 3 版であり，**JCGM 200**:2008，**ISO/IEC Guide 99**:2007 と同等である．ここで示した定義は，**GUM** が発行された当時の **VIM** 第 2 版（1993 年）から採用したものであり，最新版を引用していない．

B.2 定義

箇条 **2** におけると同様に，次の定義では，幾つかの用語のある語をはさむ括弧は，混乱を生むおそれのないときは，これらの語を省略してもよいという意味で用いる．

注記の中で太字で示す用語は，その注記で明確に又は間接的に定義される追

加の計量計測用語である（参考文献[6]参照）.

訳注　箇条 2 について，原文では clause 0 となっているが，clause 2 の誤りと思われる.

B.2.1 （測定できる）量 ［VIM:1993 の 1.1］

現象，物体又は物質のもつ属性で，定性的に区別でき，かつ，定量的に決定できるもの.

注記 1　量という用語は一般的な意味での量 ［**例 a**) 参照］ として用いられることもあれば，**特定の量** ［**例 b**) 参照］ に対して用いられることもある.

例 a)　一般的な意味の量；長さ，時間，質量，温度，電気抵抗，物質量濃度,

例 b)　特定の量；

— ある棒の長さ,

— ある線状試料の電気抵抗,

— あるぶどう酒試料中のエタノールの物質量濃度.

注記 2　互いに比較して大きさの順に並べることのできる量を**同種の量**という.

注記 3　同種の量は，**量の種類**に組み分けることができる. 例えば，

— 仕事，熱量，エネルギー

— 厚さ，円周，波長.

注記 4　**量記号**は，**ISO 31** に示されている.

2008 年版への注記　ISO 31 シリーズは，**ISO 80000** 及び **IEC 80000** シリーズの文書として改訂中である（一部の文書は既に出版されている.）.

B.2.2 （量の）値 ［VIM:1993 の 1.18］

一般に計量単位に数を乗じて表される，ある特定の量の大きさ.

例 a)　ある棒の長さ；　　　　5.34 m　又は　534 cm,

例 b)　ある物体の質量；　　　0.152 kg　又は　152 g,

72   TS Z 0033:2012（ISO/IEC Guide 98-3:2008）

例 c)　試料水（H_2O）の物質量；　0.012 mol　又は　12 mmol.

注記 1　量の値は正，負又はゼロであり得る.

注記 2　量の値は，二つ以上の方法で表すことができる.

注記 3　次元が 1 である量の値は，一般に単純な数で表される.

注記 4　測定単位に数を乗じて表すことのできない量は，取決めによる参
照目盛，又は測定手順又はその両者を基準として表すことができ
る.

B.2.3　（量の）真の値　[VIM:1993 の 1.19]

ある特定の量の定義に合致する値.

注記 1　これは完全な測定によって求められると考えられる値である.

注記 2　真の値は，本来確定のできないものである.

注記 3　ある特定の量の定義と合致する値は多くあり得るため，定冠詞
"the" よりも不定冠詞 "a" が "真の値" とともに用いられる.

この標準仕様書の意見："真の値" という用語がこの標準仕様書で用いられ
ない理由，及び "測定対象量の真の値"（又は量の真の値）と "測定対象量の値"
（又は量の値）という用語が同等と考えられる理由については，**附属書 D**，特
に **D.3.5** を参照する.

B.2.4　（量の）取決めによる真の値　[VIM:1993 の 1.20]

ある特定の量に結び付けられる値であり，時には取決めによって，ある目的
に対して妥当な不確かさをもつものとして受け入れられた値.

例 a)　ある場合は，参照標準によって実現される量に与えられた値は，
取決めによる真の値としてよい.

例 b)　アボガドロ定数に対する **CODATA**（1986）の勧告値；
6.022 136 7×10^{23} mol^{-1}.

注記 1　"取決めによる真の値" は，時には**協定値**，値の**最良推定値**，**合意
値**又は**基準値**と呼ばれる. この意味での "参照値" は **VIM**:1993 の
5.7 の注記で用いられる意味での "基準値" と混同してはならない.

注記 2　しばしばある量に関する多数の測定の結果が，取決めによる真の

値を定めるために用いられる.

この標準仕様書の意見：**B.2.3** のこの標準仕様書の意見を参照する.

B.2.5　測定　[VIM:1993 の 2.1]

量の値を決定する目的をもつ一連の作業.

注記　作業は自動的に行われてもよい.

B.2.6　測定原理　[VIM:1993 の 2.3]

測定の科学的基礎.

例 a)　温度測定に応用される熱電効果,

例 b)　電位差測定に応用されるジョセフソン効果,

例 c)　速度測定に応用されるドップラー効果,

例 d)　分子振動の波数測定に応用されるラマン効果.

B.2.7　測定方法　[VIM:1993 の 2.4]

一般的に記述され，測定の実行に用いられる論理的な一連の作業.

注記　測定方法には，次のような種々の方法が認められている.

　　　　—　置換法,

　　　　—　差動法,

　　　　—　零位法.

B.2.8　測定手順　[VIM:1993 の 2.5]

具体的に記述され，ある方法に従って特定の測定を実行する際に用いられる一連の作業.

注記　測定手順は，それ自身 "測定手順" (又は**測定方法**) と名付けられることもある文書に記録され，かつ，操作者が追加情報なしに測定を実行するために，通常は十分詳細である.

B.2.9　測定対象量　[VIM:1993 の 2.6]

測定の対象となる特定の量.

例　20 ℃におけるある水試料の蒸気圧.

注記　測定対象量を特定するには，時間，温度及び圧力のような量についての記述が必要である.

B.2.10 影響量 [VIM:1993 の 2.7]

測定対象量ではないが，測定の結果に影響を与える量．

例a） 長さ測定に用いられるマイクロメータの温度，

例b） 交流電位差の振幅測定における周波数，

例c） 人の血しょう（漿）試料中のヘモグロビン濃度測定におけるビリルビン濃度．

この標準仕様書の意見：影響量の定義は，測定器の短期間変動のような現象並びに周囲温度，大気圧及び湿度のような量とともに，測定の結果が依存する計量標準，標準物質及び参照データに関連する値も含むと理解される．

B.2.11 測定の結果 [VIM:1993 の 3.1]

測定対象量に結び付けられ，測定によって得られる値．

注記1 ある結果が与えられるときは，それが次のいずれかに該当するか，
― 指示,
― 補正前の結果,
― 補正済の結果,
また，幾つかの値の平均値であるかどうかを明らかにするのがよい．

注記2 ある測定の結果の完全な記述には，測定の不確かさについての情報を含む．

B.2.12 補正前の結果 [VIM:1993 の 3.3]

系統誤差に対する補正を行う前の測定の結果．

B.2.13 補正後の結果 [VIM:1993 の 3.4]

系統誤差に対する補正を行った後の測定の結果．

B.2.14 測定の正確さ [VIM:1993 の 3.5]

測定の結果と測定対象量の真の値との間の一致の程度．

注記1 "正確さ"は，定性的な概念である．

注記2 精密さ（precision）という用語は，"正確さ"（accuracy）の代わりに用いてはならない．

附 属 書 B   75

この標準仕様書の意見：**B.2.3** のこの標準仕様書の意見を参照する.

B.2.15　（測定の結果の）繰返し性　［VIM:1993 の 3.6］

同じ測定条件で同一の測定対象量を連続して測定した場合の，測定の結果の間の一致の程度.

　　注記1　これらの条件を**繰返し性条件**という.

　　注記2　繰返し性条件は，次のものを含む.

　　　　— 同一の測定手順,

　　　　— 同じ観測者,

　　　　— 同一の条件下で使用される同一の測定器,

　　　　— 同じ場所,

　　　　— 短い時間間隔での繰返し.

　　注記3　繰返し性は，結果のばらつき特性によって定量的に表すことができる.

B.2.16　（測定の結果の）再現性　［VIM:1993 の 3.7］

測定の条件を変えて同一の測定対象量を測定した場合の，測定の結果の間の一致の程度.

　　注記1　再現性の的確な表現には，変えた条件の明細が必要である.

　　注記2　条件の変更には，次のものが含まれる.

　　　　— 測定原理,

　　　　— 測定方法,

　　　　— 観測者,

　　　　— 測定器,

　　　　— 参照標準,

　　　　— 場所,

　　　　— 使用条件,

　　　　— 時間.

　　注記3　再現性は，結果のばらつき特性によって定量的に表すことができる.

76 TS Z 0033:2012 (ISO/IEC Guide 98-3:2008)

注記4 結果は，ここでは通常補正後の結果であると理解される．

B.2.17 実験標準偏差 ［VIM:1993 の 3.8］

同一の測定対象量の一連の n 回の測定に対し，その結果のばらつきを特徴付ける量 $s(q_k)$ であって，次の式によって与えられる．

$$s(q_k) = \sqrt{\dfrac{\displaystyle\sum_{j=1}^{n}(q_j - \overline{q})^2}{n-1}}$$

ここに，q_k は k 番目の測定の結果，$\overline{q}$ は考えている n 個の結果の相加平均である．

注記1 ある分布をもつ試料として一連の n 個の値を考えると，$\overline{q}$ は平均値 μ_q の不偏推定値であり，$s^2(q_k)$ はその分布の分散 σ^2 の不偏推定値である．

注記2 式 $s(q_k)/\sqrt{n}$ は $\overline{q}$ の分布の標準偏差の推定値であり，**平均の実験標準偏差**という．

注記3 "平均値の実験標準偏差"は**平均の標準誤差**と間違って呼ばれることがある．

この標準仕様書の意見：**VIM** で用いる記号の幾つかは，この標準仕様書の **4.2** で用いる表記との一貫性を保つために変更された．

B.2.18 （測定の）不確かさ ［VIM:1993 の 3.9］

測定の結果に付随した，合理的に測定対象量に結び付けられ得る値のばらつきを特徴付けるパラメータ．

注記1 このパラメータは，例えば，標準偏差（又はそのある倍数）であっても，又は信頼の水準を明示した区間の半分の値であってもよい．

注記2 測定の不確かさは，一般に多くの成分を含む．これらの成分の一部は，一連の測定の結果の統計分布から推定することができ，実験標準偏差によって特徴付けられる．その他の成分は，それもまた標準偏差によって特徴付けられるが，経験又は他の情報に基づいて確率分布を想定して評価される．

附 属 書 B　　　　　　　　77

注記3　測定の結果は測定対象量の値の最良推定値であること，及び，補正及び参照標準に付随する成分のような系統効果によって生じるものを含めた，全て不確かさの成分はばらつきに寄与することが理解される.

　この標準仕様書の意見：**VIM** では，この項の定義及び注記は，この標準仕様書のそれらと同等であると指摘している（**2.2.3** 参照）.

B.2.19　（測定の）誤差　[**VIM**:1993 の **3.10**]

　測定の結果から測定対象量の真の値を引いたもの.

注記1　真の値は決定することができないため，実際には取決めによる真の値を用いる［**VIM**:1993 の **1.19**（**B.2.3**）及び **1.20**（**B.2.4**）参照］.

注記2　"誤差"と"相対誤差"とを区別する必要がある場合には，前者はしばしば**測定の絶対誤差**と呼ばれる. これは誤差の大きさである**誤差の絶対値**と混同してはならない.

　この標準仕様書の意見：測定の結果が測定対象量以外の量の値に依存する場合には，これらの量の測定値の誤差が測定の結果に寄与する. **B.2.22** 及び **B.2.3** のこの標準仕様書の意見も参照する.

B.2.20　相対誤差　[**VIM**:1993 の **3.12**]

　測定の誤差を測定対象量の真の値で割ったもの.

注記　真の値は決定することができないため，実際には取決めによる真の値を用いる［**VIM**:1993 の **1.19**（**B.2.3**）及び **1.20**（**B.2.4**）参照］.

　この標準仕様書の意見：**B.2.3** のこの標準仕様書の意見を参照する.

B.2.21　偶然誤差　[**VIM**:1993 の **3.13**]

　測定の結果から，繰返し性条件の下で行われた同一の測定対象量の無限回の測定によって求められる平均を引いたもの.

注記1　偶然誤差は，誤差から系統誤差を引いたものに等しい.

注記2　有限回の測定しか行えないため，偶然誤差の推定値だけを決定できる.

78   TS Z 0033:2012（ISO/IEC Guide 98-3:2008）

この標準仕様書の意見：**B.2.22** のこの標準仕様書の意見を参照する．

B.2.22　系統誤差　［VIM:1993 の 3.14］

繰返し性条件の下で行われた同一の測定対象量の無限回の測定から求められた平均から，その測定対象量の真の値を引いたもの．

　　注記 1　系統誤差は，誤差から偶然誤差を引いたものに等しい．

　　注記 2　真の値と同様に，系統誤差とその原因を完全に知ることはできない．

　　注記 3　測定器に対しては，"かたより"（**VIM**:1993 の **5.25**）を参照する．

この標準仕様書の意見：測定の結果の誤差（**B.2.19** 参照）は，個々の誤差成分を結果の誤差に与える多くの偶然及び系統効果に起因すると考えることができる．**B.2.19** 及び **B.2.3** のこの標準仕様書の意見も参照する．

B.2.23　補正　［VIM:1993 の 3.15］

系統誤差を補償するために，ある測定の補正前の結果に代数的に加えられる値．

　　注記 1　補正は推定系統誤差の逆符号の値に等しい．

　　注記 2　系統誤差を完全に知ることはできないため，補償は完全ではあり得ない．

B.2.24　補正係数　［VIM:1993 の 3.16］

系統誤差を補償するために，ある測定の補正前の結果に乗じる数値係数．

　　注記　系統誤差を完全に知ることはできないため，補償は完全ではあり得ない．

附属書 C
基礎統計用語及び概念

C.1 定義の出典

この附属書で説明する基礎統計用語の定義は国際規格 **ISO 3534-1**:1993[7] から採用した．この附属書に含まれない用語の定義については，この国際規格を最初の出典として参照するとよい．また，この標準仕様書をより使いやすくするために，これらの用語の一部及びそれらの基本的概念を，**C.2** における正式な定義の提示に続いて，**C.3** で詳しく述べる．しかし，**C.3** は関連用語の定義も一部含まれ，それらは **ISO 3534-1**:1993 に直接準拠しているわけではない．

> 訳注　国際規格 **ISO 3534-1** の最新版は **ISO 3534-1**:2006 である．ここで示した定義は **GUM** が発行されたときの国際規格 **ISO 3534-1**:1993 から採用したものであり，最新版を引用していない．

C.2 定義

箇条 **2** 及び**附属書 B** におけるように，幾つかの用語のある語をはさむ括弧は，混乱を生じるおそれのないときは，これらの語を省略してもよいという意味で用いる．

C.2.1 ～ **C.2.14** の用語は母集団の性質に関して定義したものである．**C.2.15** ～ **C.2.31** の用語の定義は一組の観測値に関連する（参考文献[7]参照）．

> 訳注　箇条 **2** について，原文では clause 0 となっているが，clause 2 の誤りと思われる．

C.2.1 確率　[ISO 3534-1:1993 の 1.1]

確率事象に付けられる 0 から 1 の目盛の実数．

> 注記　これは出現の長期間相対度数又はある事象が起こる信頼度に関係する．高い信頼度に対しては，確率は 1 に近い．

80   TS Z 0033:2012（ISO/IEC Guide 98-3:2008）

C.2.2 確率変数，変量 ［ISO 3534-1:1993 の 1.2］

ある特定の組の値のうちの任意の値をとり，かつ，確率分布［**ISO 3534-1**:1993 の **1.3（C.2.3）**］が関連する変数．

　　注記1　離散した値だけをとることができる確率変数を"離散形"であるという．また，有限又は無限の区間内の任意の値を取ることができる確率変数を"連続形"であるという．

　　注記2　ある事象 A の確率は Pr(A) 又は P(A) と表される．

この標準仕様書の意見：この標準仕様書では，Pr(A) という記号を **ISO 3534-1**:1993 で用いている記号 P_r(A) の代りに用いる．

C.2.3 （ある確率変数の）確率分布 ［ISO 3534-1:1993 の 1.3］

確率変数がある与えられた値をとる確率又はある与えられた値の組に属する確率を定める関数．

　　注記　確率変数の値の全体についての確率は 1 に等しい．

C.2.4 分布関数 ［ISO 3534-1:1993 の 1.4］

あらゆる値 x に対し，確率変数 X が x 以下である確率を与える関数，すなわち，

$$F(x) = \mathrm{Pr}(X \leqq x)$$

C.2.5 （ある連続確率変数に対する）確率密度関数 ［ISO 3534-1:1993 の 1.5］

分布関数の導関数（それが存在する場合），すなわち，

$$f(x) = \mathrm{d}F(x)/\mathrm{d}x$$

　　注記　$f(x)\mathrm{d}x$ は"確率要素"である．すなわち，

$$f(x)\mathrm{d}x = \mathrm{Pr}(x < X < x + \mathrm{d}x)$$

C.2.6 確率質量関数 ［ISO 3534-1:1993 の 1.6］

離散確率変数 X の各値 x_i に対し，確率変数が x_i に等しい確率 p_i を与える関数，すなわち，

$$p_i = \mathrm{Pr}(X = x_i)$$

C.2.7 パラメータ ［ISO 3534-1:1993 の 1.12］

ある確率変数の確率分布を記述するのに用いられる量．

附 属 書 C　　　　81

C.2.8　相関　[ISO 3534-1:1993 の 1.13]

２個以上の確率変数をもつある分布の範囲での，２個又は数個の確率変数の間の関係.

注記　相関の多くの統計的尺度は線形関係の度合いだけを測る.

C.2.9　（ある確率変数の又はある確率分布の）期待値，期待される値，平均　[ISO 3534-1:1993 の 1.18]

1) 値 x_i を確率 p_i でとる離散確率変数 X に対し，期待値は，それが存在すれば，

$$\mu = E(X) = \sum p_i x_i$$

で与えられ，ここに，和は X がとり得る全ての値 x_i について行う.

2) 確率密度関数 $f(x)$ をもつ連続確率変数 X に対し，期待値は，それが存在すれば，

$$\mu = E(X) = \int x f(x) \mathrm{d}x$$

で与えられる. ここに，積分は，X の変動の区間の範囲で行う.

C.2.10　中心確率変数　[ISO 3534-1:1993 の 1.21]

その期待値がゼロに等しい確率変数.

注記　確率変数 X が μ に等しい期待値をもつ場合には，対応する中心確率変数は $(X-\mu)$ である.

C.2.11　（ある確率変数の又はある確率分布の）分散　[ISO 3534-1:1993 の 1.22]

中心確率変数 [ISO 3534-1:1993 の 1.21 (C.2.10)] の平方の期待値，すなわち，

$$\sigma^2 = V(X) = E\{[X - E(X)]^2\}$$

C.2.12　（ある確率変数の又はある確率分布の）標準偏差　[ISO 3534-1:1993 の 1.23]

分散の正の平方根，すなわち，

$$\sigma = \sqrt{V(X)}$$

82   TS Z 0033:2012（ISO/IEC Guide 98-3:2008）

C.2.13　q 次の中心モーメント　[ISO 3534-1:1993 の 1.28]

ある単変量分布における，中心確率変数$(X-\mu)$の q 乗の期待値，すなわち，

$$E\left[(X-\mu)^q\right]$$

> 注記　2 次の中心モーメントは，確率変数Xの分散［ISO 3534-1:1993 の 1.22（C.2.11）]である.

> 注　モーメントの定義において，X，$X-a$，Y，$Y-b$などの量をそれらの絶対値，すなわち，$|X|$，$|X-a|$，$|Y|$，$|Y-b|$などで置き換えると，“絶対モーメント”と呼ばれる他のモーメントが定義される.

C.2.14　正規分布，ラプラス-ガウス分布　[ISO 3534-1:1993 の 1.37]

次の確率密度関数をもつ連続確率変数Xの確率分布，

$$f(x)=\frac{1}{\sigma\sqrt{2\pi}}\exp\left[-\frac{1}{2}\left(\frac{x-\mu}{\sigma}\right)^2\right]$$

ここに，$-\infty<x<+\infty$

> 注記　μ及びσは，それぞれ正規分布の期待値及び標準偏差である.

C.2.15　特性　[ISO 3534-1:1993 の 2.2]

ある与えられた母集団の単位体を同定し又は区別するのを助けるある性質.

> 注記　特性は，定量的（変数によって）であるか，又は定性的（属性によって）であるかのいずれかであり得る.

C.2.16　母集団　[ISO 3534-1:1993 の 2.3]

考えている単位体の全体.

> 注記　確率変数の場合には，確率分布［ISO 3534-1:1993 の 1.3（C.2.3）]がその変数の母集団を定めると考えられる.

C.2.17　度数　[ISO 3534-1:1993 の 2.11]

ある与えられた形の事象の出現の数，又はある特定の級に入る観測値の数.

C.2.18　度数分布　[ISO 3534-1:1993 の 2.15]

ある特性を示す値及びそれらの度数又はそれらの相対度数との間の実験的関係.

> 注記　この分布はヒストグラム（ISO 3534-1:1993 の 2.17），棒グラフ

附 属 書 C   83

（**ISO 3534-1**:1993 の **2.18**），累積度数多角形（**ISO 3534-1**:1993
の **2.19**）として，又は二元表（**ISO 3534-1**:1993 の **2.22**）として
図示することができる．

C.2.19　相加平均，平均値　[**ISO 3534-1:1993 の 2.26**]

値の和を値の数で除したもの．

注記 1　"平均（mean）"という用語は，一般に母数を指すときに用い，"平
均（average）"という用語は，試料内で求められたデータの計算
の結果を指すときに用いる．

注記 2　ある母集団から無作為にとった単純な試料の平均は，この母集団
の平均の不偏推定量である．しかし，幾何若しくは調和平均，又
は中央値若しくはモードのような他の推定量もしばしば用いられ
る．

C.2.20　分散　[**ISO 3534-1:1993 の 2.33**]

ある観測値の平均値からの偏差の平方の和を観測値の数から 1 を減じたもの
で除した値で表される，ばらつきのある尺度．

例　n 個の観測値 x_1，x_2，$\cdots$，x_n について，その平均を

$$\overline{x} = \frac{1}{n} \sum x_i$$

とすると，分散は，

$$s^2 = \frac{1}{n-1} \sum (x_i - \overline{x})^2$$

である．

注記 1　試料分散は，母分散の不偏推定量である．

注記 2　分散は，2 次の中心モーメントの $n/(n-1)$ 倍である（**ISO 3534-1**:1993
の **2.39** の注記参照）．

この標準仕様書の意見：ここで定義される分散は，"母分散の試料推定量"
と呼ぶのがより適切である．ある試料の分散は通常試料の 2 次の中心モーメン
トであると定義される（**C.2.13** 及び **C.2.22** 参照）．

84   TS Z 0033:2012（ISO/IEC Guide 98-3:2008）

C.2.21 標準偏差 ［ISO 3534-1:1993 の 2.34］

分散の正の平方根.

注記　試料標準偏差は，母標準偏差の偏推定量である.

C.2.22 q 次の中心モーメント ［ISO 3534-1:1993 の 2.37］

ある単一の特性をもつ分布における，観測値及びそれらの平均との差の q 乗
の相加平均，すなわち，

$$\frac{1}{n} \sum_i (x_i - \overline{x})^q$$

ここに，n は観測値の数である.

注記　1 次の中心モーメントはゼロに等しい.

C.2.23 統計量 ［ISO 3534-1:1993 の 2.45］

試料確率変数のある関数.

注記　確率変数の関数としての統計量もまた確率変数であり，それ自身試
料ごとに異なった値をとる.　この関数の観測値を用いて得られる統
計量の値は統計的検定において，又は平均若しくは標準偏差のよう
な母数の推定値として用いることができる.

C.2.24 推定 ［ISO 3534-1:1993 の 2.49］

ある試料中の観測値から，この試料を抽出した母集団の統計的模型として選
ばれたある分布のパラメータに数値を与える操作.

注記　この操作の結果は単一の値［点推定値；**ISO 3534-1**:1993 の **2.51**
（**C.2.26**）参照］として，又は区間推定値［**ISO 3534-1**:1993 の **2.57**
（**C.2.27**）及び **2.58**（**C.2.28**）参照］として表すことができる.

C.2.25 推定量 ［ISO 3534-1:1993 の 2.50］

母数の推定に用いられる統計量.

C.2.26 推定値 ［ISO 3534-1:1993 の 2.51］

ある推定の結果として得られる推定量の値.

C.2.27 両側信頼区間 ［ISO 3534-1:1993 の 2.57］

推定しようとする母数を θ とし，T_1 と T_2 が観測値の二つの関数であって，

確率 $\Pr(T_1 \leqq \theta \leqq T_2)$ が少なくとも $(1-\alpha)$ ［ここに, $(1-\alpha)$ は正で, かつ, 1 より小さいある定数］ に等しいとき, T_1 と T_2 にはさまれる区間は θ に対する両側の $(1-\alpha)$ 信頼区間である.

注記 1 信頼区間の限界 T_1 と T_2 は統計量 ［**ISO 3534-1**:1993 の **2.45** **(C.2.23)**］ であり, それ自身一般に試料ごとに異なった値をとる.

注記 2 長い連続の試料において, 母数 θ の真の値が信頼区間に含まれる場合の相対度数は $(1-\alpha)$ より大きいか又はこれに等しい.

C.2.28 片側信頼区間 ［ISO 3534-1:1993 の 2.58］

推定しようとする母数を θ とし, T が観測値の関数であって, 確率 $\Pr(T \geqq \theta)$ ［又は確率 $\Pr(T \leqq \theta)$ ］ が少なくとも $(1-\alpha)$ ［ここに, $(1-\alpha)$ は正で, かつ, 1 より小さいある定数］ に等しいとき, θ のとり得る最小の値から T までの（又は T から θ のとり得る最大の値までの）区間が θ に対する片側の $(1-\alpha)$ 信頼区間である.

注記 1 信頼区間の限界 T は統計量 ［**ISO 3534-1**:1993 の **2.45 (C.2.23)**］ であり, それ自身一般に試料ごとに異なった値をとる.

注記 2 **ISO 3534-1**:1993 の **2.57 (C.2.27)** の注記を参照する.

C.2.29 信頼係数, 信頼水準 ［ISO 3534-1:1993 の 2.59］

ある信頼区間又はある統計的包含区間に関連する確率の値 $(1-\alpha)$.

［**ISO 3534-1**:1993 の **2.57(C.2.27)**, **2.58(C.2.28)**, 及び **2.61(C.2.30)** を参照する.］

注記 $(1-\alpha)$ は, よく百分率で表される.

C.2.30 統計的包含区間 ［ISO 3534-1:1993 の 2.61］

母集団の少なくともある定められた割合を含むことを, ある与えられた信頼の水準で保証することのできる区間.

注記 1 両限界が統計量によって定義されるときは, 区間は両側である. 二つの限界の一つが有限でないか, 又は変数の境界から成るときは, 区間は片側である.

注記 2 "統計的許容区間" とも呼ばれる. しかし, この用語は **ISO**

3534-2:1993 で定義される "許容区間" と混同するおそれがある
ため，用いない方がよい．

C.2.31　自由度　[ISO 3534-1:1993 の 2.85]

一般に，和に含まれる単位体の数からその和の単位体に関する束縛の数を引
いたもの．

C.3　用語及び概念の詳細

C.3.1　期待値

確率変数 z の確率密度関数 $p(z)$ でのある関数 $g(z)$ の期待値は，次の式によっ
て定義される．

$$E[g(z)] = \int g(z)p(z)\mathrm{d}z$$

ここに，$p(z)$ の定義から，$\int p(z)\mathrm{d}z = 1$ である．確率変数 z の期待値は，μ_z
と表記し，z の平均又は期待値とも呼ばれているが，次の式で与えられる．

$$\mu_z \equiv E(z) = \int zp(z)\mathrm{d}z$$

この期待値は，確率密度関数が $p(z)$ である確率変数 z の，独立な n 個の観測
値 z_i の相加平均又は平均である $\overline{z}$ によって統計的に推定される．すなわち，

$$\overline{z} = \frac{1}{n}\sum_{i=1}^{n} z_i$$

C.3.2　分散

確率変数の分散はその期待値からの偏差の 2 乗の期待値である．したがって，
確率密度関数 $p(z)$ をもつ確率変数 z の分散は次の式で与えられる．

$$\sigma^2(z) = \int (z - \mu_z)^2 p(z)\mathrm{d}z$$

ここに，μ_z は z の期待値である．分散 $\sigma^2(z)$ は次の式によって推定することが
できる．

$$s^2(z_i) = \frac{1}{n-1} \sum_{j=1}^{n} (z_j - \overline{z})^2$$

ここに，$\overline{z} = \dfrac{1}{n} \displaystyle\sum_{i=1}^{n} z_i$ であり，z_i は z の独立な n 個の観測値である．

注記1 $s^2(z_i)$ の式における係数 $(n-1)$ は z_i 及び $\overline{z}$ の間の相関によって生じるもので，$\{z_i - \overline{z}\}$ の組の中に $(n-1)$ 個の独立な項だけがあるという事実を反映している．

注記2 z の期待値 μ_z が既知であれば，分散は次の式によって推定することができる．

$$s^2(z_i) = \frac{1}{n} \sum_{i=1}^{n} (z_i - \mu_z)^2$$

観測値の相加平均又は平均の分散は，個々の観測値の分散よりも，測定結果の不確かさを表すのに適切な尺度である．変数 z の分散は，平均 $\overline{z}$ の分散とは区別するように注意するとよい．z についての一連の独立な n 個の観測値 z_i の相加平均の分散は $\sigma^2(\overline{z}) = \sigma^2(z_i)/n$ で与えられ，次のような平均の実験分散によって推定される．

$$s^2(\overline{z}) = \frac{s^2(z_i)}{n} = \frac{1}{n(n-1)} \sum_{i=1}^{n} (z_i - \overline{z})^2$$

C.3.3 標準偏差

標準偏差は分散の正の平方根である．タイプ A の標準不確かさは統計的に評価された分散の平方根をとることで求められるが，これに対して，タイプ B の標準不確かさを決めるときは，まず非統計的な等価標準偏差を評価し，次いでこの標準偏差を2乗して等価分散を求めるのがより便利である．

C.3.4 共分散

二つの確率変数の共分散はそれらの相互依存性の尺度である．確率変数 y 及び確率変数 z の共分散は次の式によって定義される．

$$\mathrm{cov}(y,\ z) = \mathrm{cov}(z,\ y) = E\{[y - E(y)][z - E(z)]\}$$

この式は，次のようになる．

$$\mathrm{cov}(y,\ z) = \mathrm{cov}(z,\ y)$$

$$= \iint (y - \mu_y)(z - \mu_z)p(y,\ z)\mathrm{d}y\,\mathrm{d}z$$

$$= \iint yzp(y,\ z)\mathrm{d}y\,\mathrm{d}z - \mu_y\mu_z$$

ここに，$p(y,\ z)$ は二つの変数 y と z の結合確率密度関数である．共分散 $\mathrm{cov}(y,\ z)$ [$\upsilon(y,\ z)$ とも表す．] は y 及び z の同時観測値 y_i 及び z_i の独立な n 個の対から求められる $s(y_i,\ z_i)$ によって推定することができる．そこで，次の式が成立する．

$$s(y_i,\ z_i) = \frac{1}{n-1}\sum_{j=1}^{n}(y_j - \overline{y})(z_j - \overline{z})$$

ここに，

$$\overline{y} = \frac{1}{n}\sum_{i=1}^{n}y_i \qquad 及び \qquad \overline{z} = \frac{1}{n}\sum_{i=1}^{n}z_i$$

  注記　二つの平均 $\overline{y}$ 及び $\overline{z}$ の推定共分散は，$s(\overline{y},\ \overline{z}) = s(y_i,\ z_i)/n$ によって与えられる．

C.3.5　共分散行列

  ある多変量確率分布について，変数の分散及び共分散に等しい要素をもつ行列 V を共分散行列という．その対角要素，$\upsilon(z,\ z) \equiv \sigma^2(z)$ 又は $s(z_i,\ z_i) \equiv s^2(z_i)$ は分散であり，一方で，非対角要素，$\upsilon(y,\ z)$ 又は $s(y_i,\ z_i)$ は共分散である．

C.3.6　相関係数

  相関係数は二つの変数の相対的な相互依存性の尺度であり，それらの共分散の，それぞれの分散の積の正の平方根に対する比に等しい．したがって，

$$\rho(y,\ z) = \rho(z,\ y) = \frac{\upsilon(y,\ z)}{\sqrt{\upsilon(y,\ y)\upsilon(z,\ z)}} = \frac{\upsilon(y,\ z)}{\sigma(y)\sigma(z)}$$

であり，これらの推定値は，

$$r(y_i, \ z_i) = r(z_i, \ y_i) = \frac{s(y_i, \ z_i)}{\sqrt{s(y_i, \ y_i)s(z_i, \ z_i)}} = \frac{s(y_i, \ z_i)}{s(y_i)s(z_i)}$$

で与えられる.

相関係数は $-1 \leqq \rho \leqq +1$ 又は $-1 \leqq r(y_i, \ z_i) \leqq +1$ の範囲にある数そのものである.

注記 1 ρ 及び r は -1 から $+1$ までの両端を含む範囲の数そのものであり, 一方で共分散は通常, 不便な物理的次元と大きさをもつ量であるため, 一般に, 共分散よりも相関係数の方が役に立つ.

注記 2 多変量確率分布に対しては, 通常, 共分散行列の代わりに相関係数行列が与えられる. $\rho(y, \ y) = 1$ 及び $r(y_i, \ y_i) = 1$ であるから, この行列の対角要素は 1 である.

注記 3 入力推定値 x_i 及び x_j が相関関係にあり (**5.2.2** 参照), また x_i の変化 δ_i が x_j の変化 δ_j を生じるとすれば, x_i 及び x_j に関わる相関係数は近似的に次の式によって推定される.

$$r(x_i, x_j) \approx u(x_i)\delta_j / [u(x_j)\delta_i]$$

この関係は, 相関係数を実験的に推定するときの基礎として役立つ. これはまた, 相関係数が既知であれば, 他の入力推定値の変化によって生じる一つの入力推定値のおよその変化を計算するのに用いられる.

C.3.7 独立性

二つの確率変数の結合確率分布がそれぞれの個々の確率分布の積であるときは, この二つの確率変数は統計的に独立であるという.

注記 二つの確率変数が独立の場合は, それらの共分散及び相関係数はゼロである. しかし, 逆は必ずしも真ではない.

C.3.8 t 分布, スチューデント分布

t 分布又はスチューデント分布は, 確率密度関数

$$p(t, \ \nu) = \frac{1}{\sqrt{\pi\nu}} \frac{\Gamma\left(\frac{\nu+1}{2}\right)}{\Gamma\left(\frac{\nu}{2}\right)} \left(1 + \frac{t^2}{\nu}\right)^{-(\nu+1)/2}, \quad -\infty < t < +\infty$$

90　　　　　TS Z 0033:2012（ISO/IEC Guide 98-3:2008）

をもつ連続確率変数 t の確率分布である．ここに，Γ はガンマ関数で，$\nu > 0$ である．t 分布の期待値はゼロであり，その分散は $\nu > 2$ に対し，$\nu/(\nu-2)$ である．$\nu \to \infty$ のとき，t 分布は $\mu = 0$，$\sigma = 1$ の正規分布に近づく（**C.2.14** 参照）．

　確率変数 z が期待値 μ_z をもつ正規分布であれば，変数 $(\bar{z} - \mu_z)/s(\bar{z})$ の確率分布は t 分布となる．ここに，$\bar{z}$ は z の独立な n 個の観測値 z_i の相加平均，$s(z_i)$ は n 個の観測値の実験標準偏差，$s(\bar{z}) = s(z_i)/\sqrt{n}$ は $\nu = n-1$ の自由度をもつ平均値 $\bar{z}$ の実験標準偏差である．

附属書 D
"真の"値，誤差及び不確かさ

　真の値（**B.2.3**）という用語は不確かさに関する出版物では伝統的に用いられてきたが，この標準仕様書ではこの附属書に述べる理由で使用しない．この附属書では，また，"測定対象量"，"誤差"及び"不確かさ"の用語がよく誤解されるため，箇条 **3** での記述を補足する目的で，これらの用語の根底にある概念について説明を加える．さらに，この標準仕様書で採用された不確かさの概念が，なぜ，知ることのできない量である"真の"値及び誤差ではなく，測定結果及び評価された不確かさに根拠を置いているのかを，二つの図によって説明する．

D.1　測定対象量

D.1.1　測定を行う第一歩は測定対象量—測定される量—を規定することであり，この測定対象量の規定は値によってではなく，量を記述することによって初めて可能となる．しかし，原理的には，測定対象量を"完全に"記述するためには無限の量の情報が必要である．したがって，測定対象量に解釈の余地が残っている限り，測定対象量の定義の不完全さは，測定の要求精度に比べて大きいか又は小さいかは分からないが，測定結果の不確かさ成分を生じさせることになる．

D.1.2　ある測定対象量の定義は，通常，一定の物理的状態及び条件を規定する．

　　例　組成（モル分率）が $N_2 = 0.780\,8$，$O_2 = 0.209\,5$，$Ar = 0.009\,35$ 及び $CO_2 = 0.000\,35$ の乾燥空気中の，温度 $T = 273.15\,K$ 及び圧力 $p = 101\,325\,Pa$ における音速．

D.2 実現される量

D.2.1 測定の実現される量は，理想的には測定対象量の定義と完全に一致するであろう．しかし，多くの場合，このような量を実現することはできず，測定は測定対象量に近い量に対して行われる．

D.3 "真の"値及び補正後の値

D.3.1 実現される量が実際に測定対象量の定義を完全に満たした場合に得られるであろう測定結果を予測するために，実現される量の測定結果はその実現される量と測定対象量との差に対して補正される．実現される量の測定結果はまた，認識可能なその他の全ての重要な系統効果に対しても補正される．補正後の最終結果は，測定対象量の"真"の値の最良推定値とみなされることがあるが，実はこの結果は測定しようとする量の値に対する最良推定値にすぎない．

D.3.2 一例として，測定対象量がある規定温度における1枚の板状材料の厚さであるとする．試料片を規定温度近くの温度に保ち，特定の箇所の厚さをマイクロメータを用いて測定する．このとき，マイクロメータによる加圧条件下でのその箇所のその温度における材料の厚さが，実現される量である．

D.3.3 測定時の板状材料の温度と測定力が決定される．次に，実現される量の測定の補正前の結果は，マイクロメータの校正曲線，試料片温度の規定温度からのずれ及び加圧による試料片の僅かな圧縮分を考慮して補正される．

D.3.4 補正後の結果は，測定対象量の定義を完全に満たすと信じられている量の値であるという意味で"真の"値の最良推定値と呼ばれることがあるが，板状材料の他の箇所でマイクロメータを使用すれば，実現される量は別の"真の"値をもつ異なったものになる．しかし，測定対象量の定義は，板状材料のどの箇所で厚さを決定するのかは規定していないため，この"真の"値もまた測定対象量の定義と矛盾しないであろう．したがって，この場合，"真の"値は，測定対象量の定義の不完全さのために，板状材料のいろいろな箇所における測定から評価できる不確かさをもっている．あらゆる測定対象量は原理的には何らかの方法で推定可能である"固有の"不確かさをある程度もっている．これ

は測定対象量を決定できる最小の不確かさであり，このような最小の不確かさを達成する全ての測定はその測定対象量の最良の測定とみなされるだろう．より小さい不確かさをもつ当該量の値を得るには，測定対象量がより完全に定義されることが必要である．

注記1 前記の例において，測定対象量の定義は，厚さに影響するであろうと考えられる他の多くの要因が不明なままにしてある．例えば，大気圧，湿度，重力場中の板状材料の傾き，支持方法などである．

注記2 その定義の不完全さから生じる不確かさが測定の要求精度に比べて無視できるくらい十分詳しく測定対象量が定義されていることが望ましいが，これはいつでも実現できるわけではないことを認識しなければならない．例えば，その効果が無視できるという正当な根拠がないのに要因を規定しなかったり，完全に満たすことは決してできない，また，その実現の不完全さを評価することもできない条件を含めたりする場合，定義は不完全なものになるだろう．**D.1.2** の例では，音速は消滅するほどに小さい振幅をもつ無限の平面波を前提にしている．測定がこれらの条件を満たさない限り，回折及び非線形の効果を考慮する必要がある．

注記3 測定対象量の不十分な定義は，いろいろな試験所で行われる，表面上は同じ量の測定結果に差を生じさせることになる．

D.3.5 "ある測定対象量の真の値"又は"ある量の真の値"（よく"真の値"と省略される．）という用語は，"真の"という語が不必要であると考えられるため，この標準仕様書では使用するのを避ける．"測定対象量"（**B.2.9** 参照）は"測定の対象となる特定の量"を意味し，したがって"ある測定対象量の値"は"測定の対象となるある特定の量の値"を意味する．"特定の量"は一般に明確な又は規定された量（**B.2.1** の**注記1** 参照）と解釈されるので，"ある測定対象量の真の値"（又は"ある量の真の値"）における形容詞"真の"は不必要である．— 測定対象量（又は量）の"真の"値は単に測定対象量（又は量）の値である．さらに，既述のとおり，ただ一つの"真の"値は理想化された概

念にすぎない.

D.4 誤差

観測値の偶然変動（偶然効果）のための実現される量の測定の不完全さ，系統効果に対する補正の不十分さ，及び，ある物理現象（これも系統効果）に関する知識の不完全さによって，補正後の測定結果は測定対象量の値ではない. すなわち，補正後の測定結果には誤差がある. 実現される量の値も，測定対象量の値も，いずれも正確に知ることはできない. 知ることができるのはそれらの推定値だけである. 前記の例において，測定された板状材料の厚さには誤差がある，すなわち，測定対象量（板状の厚さ）の値とは異なるかもしれない. なぜなら，次の各項が測定結果の未知の誤差に寄与するかもしれないからである.

a) 同一の実現される量に対して繰り返しマイクロメータを使用するときの，それぞれの指示値の僅かな違い，

b) マイクロメータの校正の不完全さ，

c) 温度と測定力の測定の不完全さ，

d) 試料片，マイクロメータ又はその両者に及ぼす温度，大気圧及び湿度の効果についての知識の不完全さ.

D.5 不確かさ

D.5.1 ある測定結果の誤差に対する寄与の正確な値は未知であり，また知ることもできないが，誤差を生じる偶然効果及び系統効果に付随する不確かさは評価することが可能である. しかし，たとえ評価された不確かさが小さいとしても，測定結果の誤差が小さいという保証はまだない. なぜなら，補正を決定する又は不完全な知識を評価する場合に，ある系統効果が認識されないために見落とされてしまうことがあるかもしれない. このように，測定結果の不確かさは，測定結果が測定対象量の値の近くにあるという可能性の指標には必ずしもならず，単に，現在得られている知識に一致する最良値に近いことの可能性の推定値である.

附 属 書 D 95

D.5.2 こうして，特定の測定対象量及びその測定結果に対し，1個の値ではなく，全ての観測値，データ及び物理的世界の知識と矛盾せず，さまざまな信頼の程度で測定対象量に帰属し得る結果のまわりにばらついている無数の値があるという事実を，測定の不確かさは表現している．

D.5.3 幸いなことに，現実の多くの測定状況においては，この附属書の記述のほとんどは当てはまらない．その例には，測定対象量が十分によく定義されている場合，国家標準にトレーサブルな周知の参照標準によって標準器又は測定器が校正されている場合，測定器の指示値に関する偶然効果又は有限個の観測値から生じる不確かさに比べて校正における補正の不確かさが十分小さい場合（**E.4.3** 参照）がある．しかしそれでもなお，影響量とその効果に関する知識の不完全さが測定結果の不確かさに大きく寄与することがよくある．

D.6　グラフによる表示

D.6.1　図 **D.1** は箇条 **3** 及びこの附属書で論じた概念の幾つかを示したもので，この標準仕様書が誤差でなく不確かさに焦点を当てている理由を説明している．一般に，ある測定結果の正確な誤差は未知であり，そして知ることができない．できることは，まず，繰返し観測による未知の確率分布又は入手可能な情報の蓄積に基づく主観的若しくは先験的分布のいずれかから標準不確かさ（推定標準偏差）を推定するとともに，認識可能な系統効果に対する補正を含む入力量の値を推定する，次いで，入力量の推定値から測定結果を計算し，入力量の推定値の標準不確かさから測定結果の合成標準不確かさを計算することだけである．大きな系統効果を見落とすことなく，これら全てが適切に行われたと信じるに足る妥当な根拠がある場合に限り，測定結果は測定対象量の値の信頼できる推定値であり，その合成標準不確かさは存在するであろう誤差の信頼できる尺度であると考えることができる．

> **注記 1**　図 **D.1 a**）では，図示するため，観測値はヒストグラムで示してある［**4.4.3** 及び**図 1 b**）参照］.
>
> **注記 2**　誤差に対する補正はその誤差の推定値を逆符号とした値に等しい．

したがって，**図 D.1** 及び**図 D.2** では，誤差に対する補正を示す矢印は，誤差自体を示す矢印に対して，長さは等しいが反対方向を向いている．それぞれの矢印が補正又は誤差を示すのであれば，図中の文章は明確になる．

D.6.2 図 D.2 は，図 D.1 で説明したのと同じ概念を違った方法で示したものである．さらに，測定対象量の定義が不完全な場合［**図 D.2 g**)］は，測定対象量の値は多数あり得るという概念も示している．分散によって評価される，この定義の不完全さから生じる不確かさは，同一の方法，測定器などを用いることによって，測定対象量を多数回実現して測定することから評価される．

注記　"分散"の見出しを付けた欄において，分散は **5.1.3** の式(11a)で定義された分散 $u_i^2(y)$ であると解釈されるため，図に示すように線形に加えた．

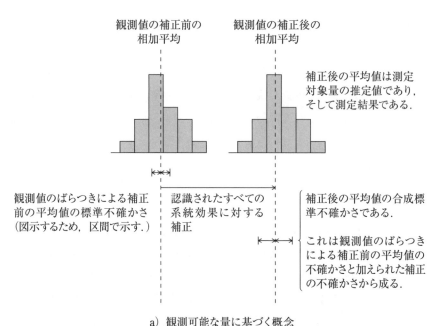

a) 観測可能な量に基づく概念

図 D.1－値，誤差及び不確かさの図による表現

附属書 D

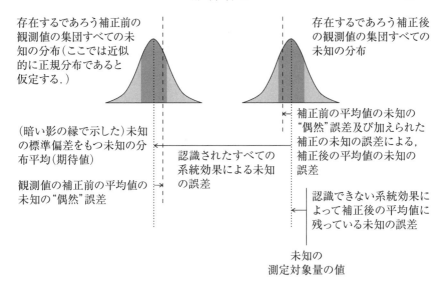

b) 知ることのできない量に基づく理想的概念

図 D.1－値，誤差及び不確かさの図による表現（続き）

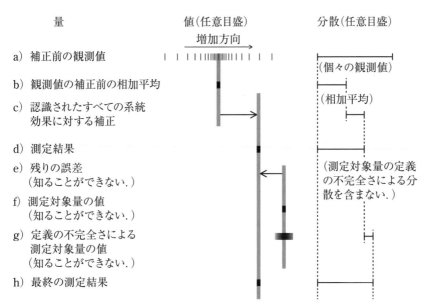

図 D.2－値，誤差及び不確かさの図による表現

附属書 E
勧告 INC-1（1980）の動機と基礎

　この附属書では，この標準仕様書が基礎をおく不確かさの表記に関する作業部会の**勧告 INC-1（1980）**の動機と統計的基礎との双方について簡潔に記述する．さらに，詳しい解説は，参考文献[1]，[2]，[11]，[12]を参照する．

E.1 "安全"，"偶然"及び"系統"

E.1.1　この標準仕様書は，測定における不確かさを評価し，表現するために広く適用できる一つの方法を提示する．それは，偶然効果から生じる不確かさ成分と系統効果に対する補正から生じる不確かさ成分との間には本質的な違いはないという考えに基づいて，不確かさの"安全な"値よりも現実的な値を提供する（**3.2.2**及び**3.2.3**参照）．その結果，この方法は，次の二つの考えを共通にもつ従来の方法とは対照的である．

E.1.2　第一の考えは，報告される不確かさは，過小側に間違うことがあっては決してならないという意味で，"安全"又は"慎重"であるのがよいというものである．事実，測定結果の不確かさの評価は問題の多いものであるため，測定結果の不確かさは意図的に大きくされる傾向があった．

E.1.3　第二の考えは，不確かさの原因となる影響量は，それぞれの異なる性質によって"偶然"又は"系統"のいずれかに常に識別可能であるというものであり，各々に付随する不確かさはそれぞれ独自の方法で合成され，別々に報告されていた（又は，ただ一つの数値が要求されるときは，規定された方法で合成されていた．）．事実，不確かさを合成する方法は安全の要求を満たすように考えられていた．

E.2 現実的な不確かさ評価の妥当性

E.2.1　測定対象量の値を報告するときは，その値の最良推定値とその推定値

の不確かさの最良の評価値を示さなければならない. なぜなら, もし不確かさ
が間違っている場合, いずれ側に"安全に"間違っているかを決めるのは通常
不可能だからである. 不確かさの過小表示は報告値に過大な信頼をおく原因と
なり, 問題があるどころか大きな損害を及ぼす結果を招くことがある. 一方,
不確かさの意図的な過大表示もまた好ましくない影響をもたらすことがある.
例えば, 測定装置のユーザが必要以上に高価な機器を購入することがあるだろ
うし, 高コストの製品を不必要に処分することになったり, 校正機関の校正
サービスの結果が受け入れられなかったりすることがあるだろう.

E.2.2 ある測定結果の利用者が, 自身のニーズを満たし, かつ, 特定の信頼
の水準の区間を定める拡張不確かさを得るために, その測定結果の表明された
不確かさに利用者自身で拡張した係数を適用してはいけないとはいえないし,
また, ある種の状況下では, 測定結果を提供する機関が, 特定の種類の利用者
のニーズを満たす同じような拡張不確かさを与える係数を, 日常的に適用して
はいけないともいえない. しかし, このような係数 (常に表明されるべきであ
る.) は, 現実的な方法で決定され不確かさに適用されるが, 不確かさがその
ような方法で決定された後でだけ適用されなければならない. そうすれば, 拡
張不確かさによって決まる区間は要求される信頼の水準をもつ. しかし, この
操作は簡単に逆になることがある.

E.2.3 測定の従事者は, 自身の解析に, 他者が行った不確かさをもつ測定結
果を組み込まなければならないことがよくある. 測定の従事者自身の測定結果
の不確かさを評価するにあたっては, 他から組み込まれるそれぞれの結果の不
確かさは"安全な"値ではなく最良値である必要がある. 加えて, ほかから組
み込んだ不確かさを自身の観測値の不確かさと合成し自身の結果の不確かさを
得られるような, 論理的で単純な方法が必要である. **勧告 INC-1 (1980)** は,
このような方法を提供している.

E.3　不確かさの全ての成分を同等に扱うことの妥当性

　この箇条の焦点は, ある測定結果の不確かさを評価する場合に, この標準仕

様書が，偶然効果から生じる不確かさ成分と系統効果に対する補正から生じる不確かさ成分とをどのようにすれば全く同じ方法で取り扱うことができるかを，簡単な例によって示すことである．したがって，ここでは，この標準仕様書で採用し，**E.1.1** で述べた観点，すなわち，不確かさの全ての成分は同じ性質をもち，同等に扱われるべきであるという観点を実証する．この説明の出発点として，この標準仕様書の中で不確かさの伝ぱ則と呼ばれている標準偏差の伝ぱに関する数式を単純化して導出することから始める．

E.3.1 　出力量 $z = f(w_1, w_2, \cdots, w_N)$ が N 個の入力量 $w_1, w_2, \cdots, w_N$ に従属すると仮定する．ここで，各 w_i は適切な確率分布で記述されるとする．w_i の期待値 $E(w_1) \equiv \mu_i$ の近傍における f の 1 次のテイラー級数展開を行うと，z の μ_z の近傍の微小偏差を w_i の μ_i の近傍の微小偏差で表す次の式が得られる．

$$z - \mu_z = \sum_{i=1}^{N} \frac{\partial f}{\partial w_i}(w_i - \mu_i) \quad\cdots\cdots\cdots\cdots\cdots\cdots\cdots\cdots \text{(E.1)}$$

ここに，高次の項は全て無視できるものと仮定し，$\mu_z = f(\mu_1, \mu_2, \cdots, \mu_N)$ である．したがって，偏差 $z - \mu_z$ の平方は，次の式で与えられる．

$$(z - \mu_z)^2 = \left[\sum_{i=1}^{N} \frac{\partial f}{\partial w_i}(w_i - \mu_i) \right]^2 \quad\cdots\cdots\cdots\cdots\cdots\cdots \text{(E.2a)}$$

これは次の式のようになる．

$$(z - \mu_z)^2 = \sum_{i=1}^{N} \left(\frac{\partial f}{\partial w_i} \right)^2 (w_i - \mu_i)^2$$

$$+ 2 \sum_{i=1}^{N-1} \sum_{j=i+1}^{N} \frac{\partial f}{\partial w_i} \frac{\partial f}{\partial w_j}(w_i - \mu_i)(w_j - \mu_j) \quad \text{(E.2b)}$$

偏差の平方 $(z - \mu_z)^2$ の期待値は z の分散である．すなわち，$E[(z - \mu_z)^2] = \sigma_z^2$ である．したがって，式(E.2b)によって，次の式が得られる．

$$\sigma_z^2 = \sum_{i=1}^{N} \left(\frac{\partial f}{\partial w_i} \right)^2 \sigma_i^2 + 2 \sum_{i=1}^{N-1} \sum_{j=i+1}^{N} \frac{\partial f}{\partial w_i} \frac{\partial f}{\partial w_j} \sigma_i \sigma_j \rho_{ij} \quad \text{(E.3)}$$

　この式において，$\sigma_i^2 = E[(w_i - \mu_i)^2]$ は w_i の分散，$\rho_{ij} = \upsilon(w_i, w_j)/(\sigma_i^2, \sigma_j^2)^{1/2}$ は w_i と w_j の相関係数であり，ここに，$\upsilon(w_i, w_j) = E[(w_i - \mu_i)(w_j - \mu_j)]$ は w_i

と w_j の共分散である.

注記1 $\sigma_z{}^2$ 及び $\sigma_i{}^2$ は,それぞれ z 及び w_i の確率分布の2次の中心モーメント(**C.2.13** 及び **C.2.22** 参照)である.確率分布は,その期待値,分散及び高次の中心モーメントによって完全に特徴付けることができる.

注記2 合成標準不確かさを計算するのに用いられる **5.2.2** の式(13)は[式(15)とともに],分散,標準偏差及び相関係数の各推定値で表されていることを除き,式(E.3)と同等である.

E.3.2 従来の用語では,式(E.3)はよく "誤差伝ぱの一般則" と呼ばれる.この呼称は, $\Delta z = \sum_{i=1}^{N} \dfrac{\partial f}{\partial w_i} \Delta w_i$ の形の式で更によく用いられ,ここで, Δz は w_i の(微小)変化 Δw_i による z の変化である[式(E.8)参照].実際には,この標準仕様書で呼んでいるように,式(E.3)を不確かさの伝ぱ則と呼ぶのがふさわしい.なぜなら,この式は,入力量 w_i の不確かさ(入力量 w_i の確率分布の標準偏差に等しいとみなす.)が,どのように合成されて出力量 z の不確かさ(出力量 z の確率分布の標準偏差に等しいとみなす.)が得られるかを示すからである.

E.3.3 式(E.3)はまた,標準偏差の倍数の伝ぱにも適用される.なぜなら,各標準偏差 σ_i に対して同じ k を用い,各 σ_i を $k\sigma_i$ で置き換えた場合,出力量 z の標準偏差は $k\sigma_z$ で置き換わるからである.しかし,同じことは信頼区間の伝ぱには適用されない.各 σ_i をある特定の信頼の水準 p に対応する区間の幅 δ_i で置き換えた場合, w_i の全てが正規分布に従うものでない限り,結果として生じる z に対する量 δ_z は同じ p の値に対応する区間の幅にはならない.量 w_i の確率分布の正規性に関するこのような仮定は式(E.3)には含まれていない.もっと具体的にいえば,もし **5.1.2** の式(10)において,各標準不確かさ $u(x_i)$ を独立な繰返し観測によって評価し,特定の p の値(例えば, $p = 95$ パーセント)においてその自由度に適した t 値をこれに乗じたとしても,推定値 y の不確かさはその p の値に対応する区間の幅にはならないであろう(**G.3** 及び **G.4** 参照).

102   TS Z 0033:2012（ISO/IEC Guide 98-3:2008）

注記 式(E.3)を用いて信頼区間を伝ぱさせようとするときの正規性の要
求は，正規分布に従うと仮定される繰返し観測から評価される不確
かさ成分を，単に上限値及び下限値として評価される不確かさ成分
とは区別しようとする歴史的な考え方の理由の一つだろう．

E.3.4   次の例を考える．z がただ一つの入力量 w に従属し，$z = f(w)$ とする．
ここに，w は n 個の w の値 w_k の平均値から推定される．これら n 個の値は確
率変数 q の n 個の独立な繰返し観測値 q_k から求められ，w_k と q_k は次の式で関
係付けられる．

$$w_k = \alpha + \beta q_k \quad\cdots\cdots\cdots\cdots\cdots\cdots\cdots\cdots\cdots\cdots\cdots\cdots\cdots\cdots\cdots \text{(E.4)}$$

ここに，α は各観測値に共通する一定値の"系統的"なオフセット又はシフ
ト，β は共通の比例係数である．このオフセットと比例係数は，観測期間中一
定であるが，先験的確率分布に従うものと仮定され，α と β はこれらの分布の
期待値の最良推定値である．

w の最良推定値は，次の式によって求められる相加平均すなわち平均 $\overline{w}$ で
ある．

$$\overline{w} = \frac{1}{n}\sum_{k=1}^{n} w_k = \frac{1}{n}\sum_{k=1}^{n}(\alpha + \beta q_k) \quad\cdots\cdots\cdots\cdots\cdots\cdots\cdots\cdots\cdots \text{(E.5)}$$

そうすると，量 z は $f(\overline{w}) = f(\alpha,\ \beta,\ q_1,\ q_2,\ \cdots,\ q_n)$ によって推定され，その
分散 $\sigma^2(z)$ の推定値 $u^2(z)$ は式(E.3)を用いて求められる．簡単にするため，z
の最良推定値が $z = f(\overline{w}) = \overline{w}$ となるように $z = w$ と仮定すると，推定値 $u^2(z)$
は容易に求められる．式(E.5)から，

$$\frac{\partial f}{\partial \alpha} = 1, \quad \frac{\partial f}{\partial \beta} = \frac{1}{n}\sum_{k=1}^{n} q_k = \overline{q}, \quad \text{及び} \quad \frac{\partial f}{\partial q_k} = \frac{\beta}{n}$$

となることに注意し，α と β の推定分散をそれぞれ $u^2(\alpha)$ と $u^2(\beta)$ と表し，ま
た個々の観測値に相関がないとすると，式(E.3)から次の式が得られる．

$$u^2(z) = u^2(\alpha) + \overline{q}^{\,2} u^2(\beta) + \beta^2 \frac{s^2(q_k)}{n} \quad\cdots\cdots\cdots\cdots\cdots\cdots \text{(E.6)}$$

ここに，$s^2(q_k)$ は **4.2.2** の式(4)によって計算される観測値 q_k の実験分散であ

り，$\dfrac{s^2(q_k)}{n} = s^2(\overline{q})$は平均値$\overline{q}$の実験分散［**4.2.3**の式(5)］である．

E.3.5 従来の用語では，式(E.6)の右辺第三項は，普通，観測値の数nが増加するにつれて減少するため，推定分散$u^2(z)$に対する"偶然的"な寄与と呼ばれ，一方，第一項と第二項は，nに依存しないため"系統的"な寄与と呼ばれる．

さらに重要なことは，式(E.6)は系統効果から生じる不確かさと偶然効果から生じる不確かさが全く区別されていないため，測定の不確かさの伝統的な取扱いにおいては疑問視されることである．特に，先験的確率分布から得られた分散と繰返しの分布から得られた分散とを合成することは，非難される．なぜなら，確率の概念は，基本的に同一条件の下で，多数回繰り返すことができる相対発生頻度確率$p(0 \leqq p \leqq 1)$をもった事象にだけ適用できるものと考えられているからである．

確率に対するこの繰返しに基づく考え方と比べて，確率はある事象が起こる確信度の尺度であるという考え方も同様に妥当な考え方である[13]，[14]．例えば，少額の金銭Dを獲得する機会をもった理性的な賭け人がいるとする．

(1) もし事象Aが起こればDを受け取り，起こらなければ何も受け取らない，

(2) もしAが起こらなければDを受け取り，起これば何も受け取らない，

という二つの選択肢に対して中立であれば，事象Aが起こることの確信度 (degree of belief) は$p = 0.5$である．

式(E.6)のような表現を測定結果の合成標準不確かさを計算するのに適した方法と考えていることから分かるように，この標準仕様書が基礎をおく**勧告 INC-1 (1980)** は確率に対するこのような考え方を潜在的に採用している．

E.3.6 この標準仕様書で採用されてきているように，測定において不確かさを評価し，表現するための基礎として，確信度に基づく確率の解釈，標準偏差（標準不確かさ）及び不確かさの伝ぱ則［式(E.3)］を採用することには，次の三つの明確な利点がある．

a) 不確かさの伝ぱ則によって，一つの結果の合成標準不確かさを，その結果

104   TS Z 0033:2012（ISO/IEC Guide 98-3:2008）

を用いた他の結果の合成標準不確かさの評価に組み入れることが可能になる．

b） 現実的に要求される信頼の水準に対応する区間を計算するための基礎として，合成標準不確かさを使用できる．

c） 不確かさの全ての成分を同じ方法で取り扱うため，不確かさの評価に当たって，その成分を"偶然"又は"系統"（若しくは他の種類）に分類する必要がない．

　c） については，このような分類はある不確かさ成分が"偶然"又は"系統"のいずれでもないような場合，混乱の原因となることが多いため，特に有益な利点である．不確かさ成分の性質は，対応する量の使われ方によって，もっと正式にいえば，その測定を記述する数学モデルにおける当該量の現れ方によって左右される．したがって，当該量を異なった状況で使用すれば，"偶然"成分が"系統"成分になることがあり，また逆の場合もあり得る．

E.3.7　上記の **c）** で述べた理由によって，**勧告 INC-1（1980）** は，不確かさ成分を"偶然"又は"系統"のいずれにも分類していない．実際に，測定結果の合成標準不確かさの計算に関する限り，不確かさ成分を分類する必要はなく，したがって，いかなる分類の枠組みも現実に要求されない．それでもなお，便宜的に分類することは意思疎通及び説明には役立つため，**勧告 INC-1（1980）** は，不確かさ成分を評価する二つの明確な方法，"A"及び"B"に分類するための枠組みを提供する（**0.7**，**2.3.2** 及び **2.3.3** 参照）．

　不確かさ成分の評価方法を分類することは，成分そのものを分類することに伴う主要な問題，すなわち，成分の分類が対応する量の使われ方に依存するという問題を回避する．しかし，成分ではなく方法を分類することは，ある特定の測定における特別な目的のために（例えば，ある複雑な測定システムの出力値について実験的に観測される変動と理論的に予測される変動とを比較する場合），この二つの方法によって評価された個々の成分を集めて特定のグループを作ることを妨げるものではない（**3.4.3** 参照）．

附 属 書 E 105

E.4 不確かさの尺度としての標準偏差

E.4.1 入力量の推定値の不確かさがどのように得られようと，それは標準偏差として，すなわち，推定標準偏差として評価されなければならないことを式(E.3)は要求する．もし，ある"安全"な値を代わりに評価したとしても，それを式(E.3)で使用することはできない．特に，もし"最大誤差限界"（最良推定値からの考え得る最大偏差）を式(E.3)の中で用いると，結果として得られる不確かさの意味は不明確になり，それを他の量の不確かさの計算に組み入れて使用したくても使用することができない（**E.3.3** 参照）．

E.4.2 入力量の標準不確かさが十分な数の繰返し観測結果の解析によって評価できない場合，本来望まれるよりもはるかに狭い範囲の知識に基づいて確率分布を採用しなければならない．しかし，このことによって，その分布が無効又は非現実的なものとなるわけではなく，全ての確率分布と同じように，それはどのような知識があるのかを表現している．

E.4.3 繰返し観測に基づく評価は，必ずしも他の方法から得られる評価より優れているとは限らない．いま，正規分布に従う確率変数 q の独立な n 個の観測値 q_k の平均値の実験標準偏差 $s(\overline{q})$ を考える［**4.2.3** の式(5)参照］．この量 $s(\overline{q})$ は，$\overline{q}$ の確率分布の標準偏差，すなわち，測定が限りなく繰り返されたときに得られるであろう $\overline{q}$ の分布の標準偏差である $\sigma(\overline{q})$ を推定する統計量（**C.2.23** 参照）である．$s(\overline{q})$ の分散，$\sigma^2[s(\overline{q})]$ は，近似的に次の式によって与えられる．

$$\sigma^2[s(\overline{q})] \approx \sigma^2(\overline{q})/2\nu \qquad\qquad (E.7)$$

ここに，$\nu = n-1$ は $s(\overline{q})$ の自由度である（**G.3.3** 参照）．したがって，$s(\overline{q})$ の相対標準偏差は，比 $\sigma[s(\overline{q})]/\sigma[\overline{q}]$ で与えられ，$s(\overline{q})$ の相対不確かさの尺度と考えることができ，近似的に $[2(n-1)]^{-1/2}$ である．この $\overline{q}$ の"不確かさの不確かさ"は，有限個のサンプリングという純粋に統計学的な理由から生じるもので，驚くほど大きいものになることもある．例えば，$n = 10$ の観測値に対し，それは 24 パーセントにもなる．これらの値を**表 E.1** に示す．この表は，統計的に推定された標準偏差の標準偏差が，現実的な n の値に対して無視できな

いものであることを示している．したがって，標準不確かさのタイプ A の評価は必ずしもタイプ B の評価より信頼できるとはいえないし，観測値の数が限られる実際の多くの測定状況では，タイプ B の評価から得られる成分の方がタイプ A の評価から得られる成分よりもよりよく推定できることがあるということができる．

表 E.1 − 正規分布に従う確率変数 q の独立な n 個の観測値の平均値 $\overline{q}$ の実験標準偏差の標準偏差の，その平均値の標準偏差に対する比 [a), b)]，$\sigma[s(\overline{q})]/\sigma(\overline{q})$

観測値の数 n	$\sigma[s(\overline{q})]/\sigma(\overline{q})$ (%)
2	76
3	52
4	42
5	36
10	24
20	16
30	13
50	10

注 [a)] 表に示す値は $\sigma[s(\overline{q})]/\sigma(\overline{q})$ の正確な式から計算されたもので，近似式 $[2(n-1)]^{-1/2}$ によるものではない．

[b)] $\sigma[s(\overline{q})]/\sigma(\overline{q})$ の表記において，ここでは分母 $\sigma(\overline{q})$ は期待値 $E[S/\sqrt{n}\,]$ として，分子 $\sigma[s(\overline{q})]$ は分散 $V[S/\sqrt{n}\,]$ の平方根としている．

ここに，S は平均値 μ，分散 σ^2 の正規分布をする独立な n 個の確率変数 $X_1,\cdots,X_n$ の標準偏差に等しい確率変数である．

$$S = \sqrt{\frac{1}{n-1}\sum_{i=1}^{n}(X_i - \overline{X})^2}, \qquad \overline{X} = \frac{1}{n}\sum_{i=1}^{n}X_i$$

S の期待値及び分散は，次のように与えられる．

$$E[S] = \sqrt{\frac{2}{n-1}}\frac{\Gamma(n/2)}{\Gamma[(n-1)/2]}\sigma, \qquad V[S] = \sigma^2 - E[S]^2$$

ここに，$\Gamma(x)$ はガンマ関数である．有限の数 n に対して $E(S) < \sigma$ であることに留意する．

附 属 書 E　　　　107

E.4.4　ある特定の測定方法の適用に伴う不確かさは確率変数で特徴付けられる統計的パラメータであるのに対して，不確かさを別の方法で取り扱わなければならない“真の系統効果”の例があることはこれまでに述べてきた．一例に，方法の原理そのもの又はその基本的な仮定の一つに内在する不完全さに起因して発生し，その方法による全ての測定に対して同一の未知の固定値を与えるオフセットがある．しかし，もしこのようなオフセットの可能性の存在が認められ，また，その大きさがおそらくかなり大きいと考えられるならば，この存在が有意であるという結論に至った知識に基づき，オフセットは簡単な形の確率分布によって表すことができる．こうして，確率をある事象が起こる確信度の測度であると考えるならば，このような系統効果の寄与は，先験的確率分布の標準不確かさとして評価し，また，入力量の他の全ての標準不確かさと同じ方法で取り扱うことによって，測定結果の合成標準不確かさの中に含めることができる．

　　例　ある特定の測定手順の規定では，その高次の項が厳密には分かっていない特定のべき級数展開からある入力量を計算しなければならない．これらの高次項を厳密に取り扱えないことによる系統効果は，手順の繰返しによって実験的に取り出すことのできない未知の一定のオフセットを生じさせる．したがって，度数に基づく確率の解釈に厳密に従うならば，この効果に伴う不確かさは評価できず，最終の測定結果の不確かさに含めることもできない．しかし，確信度に基づく確率の解釈をするならば，このような効果を特徴付ける不確かさを（厳密には分からない高次項に関して利用可能な知識から得られる．）先験的確率分布から評価し，他の全ての不確かさと同様に，測定結果の合成標準不確かさの計算の中に含めることができる．

E.5　不確かさについての二つの考え方の比較

E.5.1　この標準仕様書の焦点は，知ることのできない量である“真の”値と“誤差”ではなく，測定結果とその評価された不確かさにある（**附属書 D** 参照）．

108   TS Z 0033:2012 (ISO/IEC Guide 98-3:2008)

測定結果は単純に測定対象量に結び付けられた値であり，その結果の不確かさは合理的に測定対象量に結び付けられ得る値のばらつきの測度である，という扱い上の考え方をとることによって，この標準仕様書は，不確かさと知ることのできない量である"真の"値及び誤差との間でよく混同される関係を，事実上切り離している.

E.5.2   この関係は，"真の"値と誤差の観点から，不確かさの伝ぱ則である式 (E.3) の導出を説明することによって理解できる．この場合，μ_iを入力量w_iの未知でただ一つの"真の"値とみなし，各w_iはその"真の"値μ_iと$w_i = \mu_i + \varepsilon_i$の関係にあると仮定する．ここで，$\varepsilon_i$は$w_i$の誤差である．各$\varepsilon_i$の確率分布の期待値はゼロ，すなわち$E(\varepsilon_i) = 0$で，その分散は$E(\varepsilon_i{}^2) = \sigma_i{}^2$であると仮定する．そうすると，式(E.1)は次のようになる.

$$\varepsilon_z = \sum_{i=1}^{N} \frac{\partial f}{\partial w_i} \varepsilon_i \hspace{1cm} (E.8)$$

ここに，$\varepsilon_z = z - \mu_z$は$z$の誤差で，$\mu_z$は$z$の"真の"値である．もし$\varepsilon_z$の平方の期待値をとれば，式(E.3) と同じ形の式が得られる．ただし，この式で，$\sigma_z{}^2 = E(\varepsilon_z{}^2)$は$\varepsilon_z$の分散，$\rho_{ij} = \nu(\varepsilon_i, \varepsilon_j)/(\sigma_i{}^2\sigma_j{}^2)^{1/2}$は$\varepsilon_i$及び$\varepsilon_j$の相関係数であり，ここに，$\nu(\varepsilon_i, \varepsilon_j) = E(\varepsilon_i, \varepsilon_j)$は$\varepsilon_i$と$\varepsilon_j$の共分散である．このように，分散と相関係数は入力量そのものではなく，入力量の誤差に付随したものである.

> **注記**   確率は，ある事象が起こる確信度の尺度であるとみなされるが，このことは系統誤差が偶然誤差と同様に扱うことができ，ε_iはいずれかの種類を表すことも意味している.

E.5.3   実際には，考え方の違いが，測定結果の数値又はその結果に付随する不確かさの数値に差をもたらすことはない.

第一に，いずれの場合においても，関数fからzの最良推定値を求めるのに，入力量w_iの利用できる最良推定値が用いられる．最良推定値が当該量に帰属する最もふさわしい値であると考えても，"真の"値の最良推定値であると考えても，計算上での差は生じない.

附 属 書 E   109

第二に，$\varepsilon_i = w_i - \mu_i$ であって，μ_i はただ一つの固定値を表すため不確かさをもたないので，ε_i 及び w_i の分散と標準偏差とは等しい．このことは，いずれの場合においても，測定結果の合成標準不確かさを得るために標準偏差 σ_i の推定値として用いられる標準不確かさは等しく，同じ数値になるということを意味する．この場合もまた，標準不確かさが入力量の確率分布のばらつきの尺度であると考えても，入力量の誤差の確率分布のばらつきの尺度であると考えても，計算上での差は生じない．

> 注記　もし **E.5.2** の**注記**の仮定がなかったならば，入力量の全ての推定値とそれらの不確かさが繰り返し観測の統計解析，すなわち，タイプ A の評価から得られない限り，この項の議論は適用されない．

E.5.4　（**E.5.2** の**注記**の仮定の下で）"真の"値と誤差に基づく手法がこの標準仕様書で採用した手法と同じ数値結果を与える一方，不確かさに関するこの標準仕様書の考え方は誤差と不確かさとの間の混同を取り除いている（**附属書 D** 参照）．事実，この標準仕様書が採用した実際的な手法においては，ある量の観測値（推定値）及びその値の観測された変動（推定された変動）に焦点を合わせており，誤差には全く言及する必要がない．

110

附属書 F
不確かさ成分の評価のための実際の手引き

この附属書では，箇条 4 で述べた説明を補足することを目的に，主として実際的な性質をもつ不確かさ成分を評価するための説明を加える．

F.1 繰返し観測から評価する成分：標準不確かさのタイプ A の評価

F.1.1 偶然性と繰返し観測

F.1.1.1 繰返し観測から決定した不確かさは，"客観的"，"統計的に厳密"であるなどとして，他の手段によって評価した不確かさと対比されることが多い．このことは，統計学的な公式を観測値に適用することによってだけ不確かさが評価でき，それらの評価に何らかの判断を適用する必要はない，といった誤った考えを含んでいる．

F.1.1.2 まず最初に，"繰返し観測値を，どの程度まで完全に独立な測定手順の繰返しから得たものであろうか？"と問う必要がある．観測値が全て 1 個の試料についてのものである場合，及び測定対象量が（ある材料の特定の試料に対する性質ではなく）当該材料の性質であるためサンプリングも測定手順の一部である場合は，観測を独立に繰り返したことにはならない．この場合は，試料間の違いによって生じる分散成分の評価を，1 個の試料について行った繰返し観測によって得た分散に加えなければならない．

ある機器のゼロ調整が測定手順の一部である場合は，たとえ観測中の当該機器のドリフトが無視できる大きさであっても，繰返しの都度，その機器のゼロ調整を改めて行うのが望ましい．なぜなら，ゼロ調整に帰因する統計的に決定可能な不確かさが潜在的に存在するからである．

同様に，気圧計を読む場合は，たとえ気圧が一定であっても，指示値と読み値の双方に変動があり得るため，原則として，測定の繰返しごとに（なるべくなら気圧計を軽く乱し，再び平衡に戻るのを待って）気圧を読むのが望ましい．

附 属 書 F   111

F.1.1.3 第二に，偶然的であると仮定される影響量の全てが本当に偶然的であるかどうか質問する必要がある．すなわち，これらの影響量の分布の平均値と分散は一定であるか，又は，繰返し観測中に測定していない影響量の値にもしかしたらドリフトがあるのではないか．十分な数の観測値がある場合は，観測期間の前半と後半とのそれぞれの結果の相加平均と実験標準偏差を計算し，両平均値を互いに比較して，両者の差が統計的に有意であるかどうか，したがって時間とともに変化する効果があるかどうかを判断することができる．

F.1.1.4 試験所における“共用サービス”（供給電力の電圧と周波数，水道水の圧力と温度，窒素ガス圧力など）が影響量である場合は，それらの変動には通常，見逃すことのできない強い非偶然性の要素がある．

F.1.1.5 デジタル表示の最小有効数字が“ノイズ”によって観測中に絶えず変化する場合，気づかないままにその桁を個人的な好みの値で読むことのないようにすることは難しい．任意の瞬間で表示を固定し，その固定表示された値を記録するような方法を講じるとよい．

F.1.2　相関

この細分箇条での議論の多くは，標準不確かさのタイプ B の評価にも適用できる．

F.1.2.1　次の **a**)，**b**）又は **c**）の場合には，二つの入力量 X_i と X_j の推定値の共分散はゼロであるとし，又は有意でないとして扱うことができる．

a)　X_i と X_j との間に相関がない場合（この場合の X_i と X_j は確率変数であって，不変量と仮定する物理量ではない—**4.1.1** の**注記 1** 参照），例えば，X_i と X_j を独立した別々の実験において複数回測定したが，同時には測定していない場合とか，それらが独立に行った別々の評価結果の量を表している場合

b)　X_i 又は X_j のいずれかを定数として扱うことができる場合

c)　X_i と X_j の推定値の共分散を評価するのに十分な情報がない場合

    注記 1　他方で，**5.2.2** の**注記 1** の標準抵抗器の例のような場合には，入力量は完全に相関があり，それらの推定値の標準不確かさは線形

112   TS Z 0033:2012（ISO/IEC Guide 98-3:2008）

的に結合することは明らかである．

注記 2　例えば，別々の実験に同一の機器を使用する場合には，各実験は
独立であるとはいえないだろう（**F.1.2.3** 参照）．

F.1.2.2　同時に繰返し観測を行う二つの入力量に相関があるかどうかは **5.2.3**
の式(17)によって決めることができる．例えば，温度に対して未補正又は十分
には補正してない発振器の周波数が入力量であって，周囲温度も入力量であり，
そしてこれらを同時に測定する場合は，発振器の周波数及び周囲温度の共分散
の計算によって，有意の相関が明らかになることがある．

F.1.2.3　実際には，物理計量標準，測定器，参照データ，又は大きな不確か
さをもつ測定方法でさえ，入力量の値の推定に同一のものを使用するために，
入力量の間には相関があることが多い．一般性を失わないで，x_1 及び x_2 によっ
て推定される二つの入力量 X_1 及び X_2 が，相互に相関のない一組の変数 Q_1，
Q_2，$\cdots$，Q_L に依存すると仮定する．すなわち，$X_1 = F(Q_1, Q_2, \cdots, Q_L)$ 及び
$X_2 = G(Q_1, Q_2, \cdots, Q_L)$ であるが，これらの変数の一部は実際には一方の関
数にだけ現れ，他方にはないということもある．$u^2(q_l)$ が Q_l の推定値 q_l の推
定分散である場合は，x_1 の推定分散は，**5.1.2** の式(10)から次の式となる．

$$u^2(x_1) = \sum_{l=1}^{L} \left(\frac{\partial F}{\partial q_l} \right)^2 u^2(q_l) \cdots\cdots\cdots\cdots\cdots\cdots\cdots\cdots\cdots\cdots\cdots \text{(F.1)}$$

$u^2(x_2)$ に対しても同様の式となる．x_1 及び x_2 の推定共分散を次の式によっ
て与える．

$$u(x_1, x_2) = \sum_{l=1}^{L} \frac{\partial F}{\partial q_l} \frac{\partial G}{\partial q_l} u^2(q_l) \cdots\cdots\cdots\cdots\cdots\cdots\cdots\cdots\cdots \text{(F.2)}$$

任意の l に対し，$\partial F / \partial q_l \neq 0$ 及び $\partial G / \partial q_l \neq 0$ である項だけが和に寄与する
ので，F 及び G の双方に共通の変数がなければ，共分散はゼロになる．

二つの推定値 x_1 と x_2 との推定相関係数 $r(x_1, x_2)$ は，$u(x_1, x_2)$［式(F.2)］及
び式(F.1)から求めた $u(x_1)$ と $u(x_2)$ を用いて，**5.2.2** の式(14)によって決定する
［**H.2.3** の式(H.9)も参照］．二つの入力推定値の推定共分散は，統計的成分
［**5.2.3** の式(17)参照］及びこの細分箇条で議論したような成分の両方をもつこ

附 属 書 F　　　　113

とも可能である.

例1　電流 I 及び温度 t の双方を決定するため, ある一つの標準抵抗器 R_s を同じ測定で用いたとする. 電流は, この標準抵抗器の両端子間の電位差をデジタル電圧計を用いて測定し決定する. 温度は, 抵抗ブリッジとこの標準抵抗器を用い, 抵抗と温度の関係式が $15℃ \leq t \leq 30℃$ の範囲で $t = aR_t^2(t) - t_0$ (a と t_0 は既知の定数) である校正済みの抵抗式温度センサの抵抗 $R_t(t)$ を測定し決定する. こうして, 電流は $I = V_s/R_s$ の関係から決定し, 温度は $t = \alpha\beta^2(t)R_s^2 - t_0$ の関係から決定する. ここで, $\beta(t)$ はブリッジで測定される比 $R_t(t)/R_s$ である.

　　　量 R_s だけが I 及び t の式に共通であるから, 式(F.2)は I 及び t の共分散に対する次の式を与える.

$$u(I,\ t) = \frac{\partial I}{\partial R_s}\frac{\partial t}{\partial R_s}u^2(R_s)$$
$$= \left(-\frac{V_s}{R_s^2}\right)\left[2\alpha\beta^2(t)R_s\right]u^2(R_s)$$
$$= \frac{2I(t+t_0)}{R_s^2}u^2(R_s)$$

（表記を簡単にするため, この例では, 入力量とその推定値の両方に対し同じ記号を用いる.）

　　　共分散の数値を求めるには, 測定した量 I 及び t の数値, 及び標準抵抗器の校正証明書に記載されている R_s 及び $u(R_s)$ の値をこの式に代入する. 相対分散 $[u(R_s)/R_s]^2$ の次元が1 (すなわち, 後者はいわゆる無次元量) であるから, $u(I,\ t)$ の単位は明らかにA·℃である.

　　　さらに, 量 P が入力量 I 及び t に $P = C_0 I^2/(T_0+t)$ (C_0 及び T_0 は無視できる不確かさ $[u^2(C_0) \approx 0,\ u^2(T_0) \approx 0]$ をもつ既知の定数) によって関係付けられているとすると, **5.2.2** の式(13)から, P の分散を I と t の分散及びその共分散で表す次の式を得る.

$$\frac{u^2(P)}{P^2} = \frac{4u^2(I)}{I^2} - \frac{4u(I,\ t)}{I(T_0+t)} + \frac{u^2(t)}{(T_0+t)^2}$$

分散 $u^2(I)$ 及び $u^2(t)$ は **5.1.2** の式(10) を $I=V_\mathrm{s}/R_\mathrm{s}$ 及び $t=\alpha\beta^2(t)R_\mathrm{s}^2-t_0$ の関係に適用することによって，次の式を得る．

$$u^2(I)/I^2 = u^2(V_\mathrm{s})/V_\mathrm{s}^2 + u^2(R_\mathrm{s})/R_\mathrm{s}^2$$
$$u^2(t) = 4(t+t_0)^2 u^2(\beta)/\beta^2 + 4(t+t_0)^2 u^2(R_\mathrm{s})/R_\mathrm{s}^2$$

ここに，簡単にするため，定数 t_0 及び a の不確かさも無視できると仮定した．$u^2(V_\mathrm{s})$ と $u^2(\beta)$ はそれぞれ電圧計と抵抗ブリッジの繰返しの読み値から決定できるため，上記の式は容易に算定できる．もちろん，測定器そのものと採用した測定手順に固有の全ての不確かさも，$u^2(V_\mathrm{s})$ 及び $u^2(\beta)$ を決めるときに考慮に入れる必要がある．

例2 **5.2.2** の注記1の例において，各抵抗体の校正を $R_i=\alpha_i R_\mathrm{s}$ で表し，繰返し観測から求めたその測定比 α_i の標準不確かさを $u(\alpha_i)$ とする．さらに，各抵抗体に対して $\alpha_i \approx 1$ とし，$u(\alpha_i)$ は各校正に対して本質的に同一であると仮定し，したがって，$u(\alpha_i) \approx u(\alpha)$ とする．そうすると，式(F.1)と式(F.2)から，$u^2(R_i)=R_\mathrm{s}^2 u^2(\alpha)+u^2(R_\mathrm{s})$，及び $u(R_i,\ R_j)=u^2(R_\mathrm{s})$ を与える．これは，**5.2.2** の式(14)によって，いずれの二つの抵抗体の相関係数 $(i \neq j)$ も次の式になることを意味する．

$$r(R_i,\ R_j) \equiv r_{ij} = \left\{1+\left[\frac{u(\alpha)}{u(R_\mathrm{s})/R_\mathrm{s}}\right]^2\right\}^{-1}$$

$u(R_\mathrm{s})/R_\mathrm{s}=10^{-4}$ であるから，$u(\alpha)=100\times10^{-6}$ ならば $r_{ij} \approx 0.5$，$u(\alpha)=10\times10^{-6}$ ならば $r_{ij} \approx 0.990$，更に $u(\alpha)=1\times10^{-6}$ ならば $r_{ij} \approx 1.000$，である．したがって，$u(\alpha) \to 0$ のとき，$r_{ij} \to 1$ 及び $u(R_i) \to u(R_\mathrm{s})$ となる．

注記 一般に，この例のような比較校正においては，校正された器物の推定値には相関があり，その相関の程度は，比較に関わる不確かさの参照標準に関わる不確かさに対する比に依存する．実際によく起こ

附 属 書 F 115

るように，比較に関わる不確かさが標準器に関わる不確かさに比べて無視できる場合には，相関係数は $+1$ に等しく，また校正された各器物の不確かさは標準器に関わる不確かさと同じになる．

F.1.2.4 測定対象量 Y が依存する入力量 X_1, X_2, $\cdots$, X_N の最初の組［**4.1** の式(1)参照］を，二つ以上の最初の X_i に共通する独立な追加入力量 Q_l を含むような方法で再定義する場合は，共分散 $u(x_i, x_j)$ を導入する必要性を無視することができる．（Q_l とその影響を受ける量 X_i との関係を完全に定めるには，追加の測定を行うことが必要なことがある．）それでもなお，ある状況では，共分散を導入する方が入力量の数を増やすよりも便利なことがある．同様の過程は，同時に行った繰返し観測で観測した共分散［**5.2.3** の式(17)参照］についても実行できるが，適切な追加入力量の同定は，物理的裏付けがないことが多い．

例 **F.1.2.3** の**例 1** において，R_s で表した I 及び t の式を P の式に導入した場合，次の式となる．

$$P = \frac{C_0 V_s^2}{R_s^2 [T_0 + \alpha \beta^2(t) R_s^2 - t_0]}$$

I と t との相関は，入力量 I 及び t を量 V_s, R_s 及び β で置き換えることと引き替えに取り上げない．これらの量には相関がないので，P の分散は **5.1.2** の式(10)から求めることができる．

F.2 他の方法で評価する成分：標準不確かさのタイプ B の評価

F.2.1 タイプ B の評価の必要性

ある計測機関が時間と資源を無制限にもつ場合は，例えば，いろいろな多くの製造元及び種類の機器，いろいろな測定方法，方法のいろいろな適用及び測定の理論的モデルにおけるいろいろな近似を使って，考えられる不確かさのあらゆる原因を徹底的に統計学的に調べることができるであろう．これらの全ての原因に伴う不確かさは一連の観測の統計解析によって評価し，それぞれの不確かさは統計的に評価した標準偏差によって特徴付けられるであろう．言い換

116 TS Z 0033:2012（ISO/IEC Guide 98-3:2008）

えれば，不確かさ成分は全てタイプＡの評価から求めることになる．しかし，このような調査は経済的な実用性をもたないので，多くの不確かさ成分はもっと実際的な他のあらゆる方法によって評価しなければならない．

F.2.2 数学的に決まる分布

F.2.2.1 デジタル指示の分解能

デジタル機器の不確かさの原因の一つは，その指示計器の分解能である．例えば，繰り返した指示値が全て同一であった場合でも，繰返し性に起因する測定の不確かさはゼロではない．なぜなら，その計器に入るある既知の区間にわたる範囲をもった入力信号が同一の指示値を示すからである．指示計器の分解能が δx である場合は，特定の指示値 X を生じる入力値は，$X-\delta x/2$ と $X+\delta x/2$ の区間の任意の点に等しい確率で存在し得る．したがって，入力量は，幅が δx で，分散が $u^2 = (\delta x)^2/12$ の，すなわち任意の指示値に対し $u = 0.29\,\delta x$ の標準不確かさをもつ一様分布によって記述する（**4.3.7** 及び **4.4.5** 参照）．

したがって，最小有効桁が 1 g である指示計器をもつ質量計は，指示計器の分解能に起因する分散 $u^2 = (1/12)\,g^2$，すなわち $u = \left(1/\sqrt{12}\right)g = 0.29\,g$ の標準不確かさをもつ．

F.2.2.2 ヒステリシス

ある種のヒステリシスは同じような種類の不確かさの原因となる．ある機器の指示値は，連続した読み値が上昇しているか下降しているかに応じて，一定で既知の大きさだけ異なる．慎重な操作者は連続する読み値の方向の記録を取り，適切な補正を行う．しかし，このヒステリシスの方向は常に観測できるわけではない．すなわち，機器内部ではある平衡点のまわりで隠れた振動をしており，そのため，指示値は，最後にその平衡点にいずれから近づいたかに依存する．この原因によって取り得る読みの範囲が δx である場合は，分散はこの場合も $u^2 = (\delta x)^2/12$ であり，ヒステリシスによる標準不確かさは $u = 0.29\,\delta x$ である．

F.2.2.3 有限精度の計算

コンピュータによる自動データ処理で生じる数値の丸め又は切り捨ても不確

附 属 書 F   117

かさの原因となる．例えば，16ビットの語長をもつコンピュータを考える．
計算の途中で，この語長をもつある数値を，これとは16番目のビットだけ異
なる他の数値から差し引くと，1有効ビットだけが残る．このような事象は"悪
く条件付けられた"アルゴリズムの評価で起こり，これを予測することは難し
い．そこで，この計算に最も重要な入力量（出力量の大きさに比例するものが
あることが多い．）を出力量が変化するまで微小量ずつ増加していくことに
よって，この不確かさを実験的に決定することができる．すなわち，このよう
にして求まる出力量の最小の変化がこの不確かさの尺度であり，これをδxと
すれば，分散は$u^2 = (\delta x)^2/12$で，$u = 0.29\,\delta x$である．

注記　このような不確かさの評価は，限定された語長のコンピュータで
　　　行った計算の結果を，十分に大きな語長のコンピュータで行った同
　　　じ計算の結果と比較することによって点検することができる．

F.2.3　引用入力値

F.2.3.1　入力量に対する引用値とは，ある特定の測定の過程で推定したもの
ではなくて，ある独立した評価の結果として他の方法で求めた値である．この
ような引用値はその不確かさについてのある種の表示を伴っていることが多い．
例えば，この不確かさは，標準偏差，その倍数又は表示した信頼の水準をもつ
区間の半分の幅として与えられる．または，上限値及び下限値を与えることも
あり，若しくは不確かさについて何の情報もないこともある．後者の場合には，
その値を使用する者は，その量の性質，情報源の信頼性，同種の量について実
際に得た不確かさなどを考慮して，不確かさの考え得る大きさについての自分
の知識を利用しなければならない．

注記　引用入力量の不確かさの議論は，便宜上，標準不確かさのタイプB
　　　の評価に関するこの細分箇条に含める．このような量の不確かさは，
　　　タイプAの評価から求めた成分又はタイプAとタイプBの評価か
　　　ら求めた成分から成るだろう．合成標準不確かさを計算するために
　　　これら二つの異なる方法で評価した成分を区別する必要はないため，
　　　引用量の不確かさの成分構成を知る必要はない．

118   TS Z 0033:2012（ISO/IEC Guide 98-3:2008）

F.2.3.2   一部の校正機関は，"最小限"の信頼の水準，例えば"少なくとも"
95 パーセントの信頼の水準をもつ区間を定める上限値及び下限値の形で"不
確かさ"を表現する方法を採用してきた．これは，いわゆる"安全な"不確か
さ（**E.1.2** 参照）の例と考えられ，それがどのように計算されたかの知識がな
いと標準不確かさに変換することができない．十分な知識が与えられる場合は，
この標準仕様書の規則に従って再計算することができる．しかし，そうでなけ
れば，利用可能なあらゆる方法を使ってでも不確かさの評価を独自に行わなけ
ればならない．

F.2.3.3   一部の不確かさは，その量の全ての値が含まれる範囲の最大限界値
として単純に与えられる．この限界内の全ての値が等しい確率（一様分布）で
あると仮定するのが一般的なやり方であるが，限界内でも境界に近接した値が
限界内の中心に近い値よりも起こる確率が低いと推定する根拠がある場合は，
このような分布は仮定しないのが望ましい．半幅 a の一様分布は $a^2/3$ の分散
をもつ．一方で，99.73 パーセントの信頼の水準をもつ区間の幅の半分が a で
ある正規分布は $a^2/9$ の分散をもつ．そこで，例えば，分散が $a^2/6$ である三角
分布を仮定して，これらの値の中間の値を採用するのも当を得たことであろう
（**4.3.9** 及び **4.4.6** 参照）．

F.2.4   **測定入力値**

F.2.4.1   **校正済みの測定器による単一の観測**

不確かさの小さい標準に対して校正されたある特定の測定器を用いて 1 回の
観測から入力推定値を求めた場合には，その推定値の不確かさは主に繰返し性
の不確かさである．その測定器による繰返し測定値の分散は，必ずしもこの 1
回の読み値と全く同じ値でなくても実用的に十分近い値において，以前に得ら
れていたはずであり，この分散値を当該入力値に適用できるとみなすことは可
能である．このような情報が何も利用できないときは，測定装置又は測定器の
特性，類似の構造をもつ他の測定器の既知の分散などに基づいて，推定を行う
必要がある．

F.2.4.2 検証済みの測定器による単一の観測

全ての測定器に校正証明書又は校正曲線が付属しているわけではない．しかし，ほとんどの測定器は規格に合った構造をもち，製造業者又は独立した機関はその規格文書に適合することを検証する．通常，このような規格は，"最大許容誤差"の形で表されることが多い計量学的な要求事項をその内容に含み，測定器に対して適合を要求する．測定器がこれらの要求事項に従うことは，その最大許容不確かさを，通常，当該規格中に規定している参照測定器との比較によって確認する．したがって，この不確かさが検証済み測定器の不確かさの成分である．

検証済みの測定器の特性誤差曲線について何も知り得ないときは，誤差が許容限界内の任意の値をとる確率が等しい，すなわち一様分布であると仮定せざるを得ない．しかし，ある形式の測定器は，誤差が例えば測定範囲のある部分では常に正で，他の部分では負であるような特性曲線をもつ．このような情報は規格の調査によって引き出すことができる場合がある．

F.2.4.3 制御量

普通，一連の測定の進行の間には一定に保たれているとみなされる制御された標準状態の下で測定を行う．例えば，その温度を温度調節器によって制御するかくはん（撹拌）油温槽の中の試料について測定を行うことがある．この温槽の温度を試料の各測定時に測定することができるが，温槽の温度が周期的に変動する場合には，試料の各瞬間の温度は温槽内の温度計の指示する温度ではないことがある．熱伝達理論に基づく試料の温度変動及びその分散の計算は，この標準仕様書の適用範囲を超えるものであるが，それは温槽に対する既知の又は想定された温度サイクルからはじめなければならない．このサイクルは精密熱電対と温度記録計を用いて観測できるが，それができない場合には，制御特性についての知識からサイクルの近似を導き出すことができる．

F.2.4.4 取り得る値の非対称分布

ある量の取り得る値が全て一つの限界値の片側にだけ存在する場合がある．例えば，ある液柱形圧力計の液柱の一定の垂直高さ h（測定対象量）を測定す

120 TS Z 0033:2012（ISO/IEC Guide 98-3:2008）

るとき，高さ測定器の軸が微小角 β だけ垂直からずれることがある．この測定器で決定される距離 l は常に h より大きい．すなわち h より小さい値を取り得ない．これは h が垂直投影 $l\cos\beta$ に等しい，つまり $l = h/\cos\beta$ であるからであり，$\cos\beta$ の値は全て 1 より小さい．すなわち，1 より大きい値は取り得ない．このようないわゆる "余弦誤差" は，測定対象量 h' の投影 $h'\cos\beta$ が観測距離 l に等しい，すなわち $l = h'\cos\beta$ となるようなときにも起こり，この場合は観測距離は測定対象量より常に小さい．

新しい変数 $\delta = 1 - \cos\beta$ を導入する場合，上の二つのそれぞれの状況は，通常実際にそうであるように，$\beta \approx 0$ 又は $\delta \ll 1$ とすれば，次のようになる．

$$h = \overline{l}(1-\delta) \quad\text{……………………………………………} \text{(F.3a)}$$
$$h' = \overline{l}(1-\delta) \quad\text{……………………………………………} \text{(F.3b)}$$

ここに，$\overline{l}$ は l の最良推定値であり，l の独立な n 個の繰返し観測値 l_k の相加平均つまり平均値であって，その推定分散は $u^2(\overline{l})$ である［**4.2** の式(3)及び式(5)参照］．したがって，式(F.3a)と式(F.3b)から，h 又は h' の推定値を求めるには，補正係数 δ の推定値を必要とし，一方，h 又は h' の推定値の合成標準不確かさを求めるには δ の推定分散 $u^2(\delta)$ を必要とすることが分かる．もっと具体的には，**5.1.2** の式(10)を式(F.3a)と式(F.3b)に適用すると，$u_c^2(h)$ 及び $u_c^2(h')$ に対し，次の式を得る（それぞれ－と＋記号が対応）．

$$u_c^2 = (1 \mp \delta)^2 u^2(\overline{l}) + \overline{l}^2 u^2(\delta) \quad\text{……………………………} \text{(F.4a)}$$
$$\approx u^2(\overline{l}) + \overline{l}^2 u^2(\delta) \quad\text{………………………………} \text{(F.4b)}$$

δ の期待値と δ の分散の推定値を求めるため，液柱形圧力計の液柱の高さの測定に用いる測定器の軸を垂直面内で固定するように束縛し，傾斜角 β の値の分布は，期待値ゼロのまわりに分散 σ^2 をもつ正規分布であると仮定する．すると，β は正と負の値をとり得るが，$\delta = 1 - \cos\beta$ は β の全ての値に対して正である．測定器の軸の誤調整を束縛しないとする場合は，方位角の誤調整が同じように起こり得るために，軸の方位はある立体角内の範囲で変わることができるが，そのとき β は常に正の角度である．

束縛した又は一次元の場合には，**確率要素** $p(\beta)\mathrm{d}\beta$ （**C.2.5 の注記**）は

附属書 F　　　　　　　　121

$\{\exp[-\beta^2/(2\sigma^2)]\}\mathrm{d}\beta$ に比例する．一方で，束縛しない又は二次元の場合には，確率要素は $\{\exp[-\beta^2/(2\sigma^2)]\}\sin\beta\,\mathrm{d}\beta$ に比例する．この両者の場合における確率密度関数 $p(\delta)$ は，式(F.3)と式(F.4)で用いるための δ の期待値と分散を決めるために必要な式である．傾斜角 β は小さいとみなされ，したがって，$\delta = 1-\cos\beta$ と $\sin\beta$ は β の最低次数で展開することができるため，それらは確率要素から容易に求めることができる．これから，$\delta \approx \beta^2/2$，$\sin\beta \approx \beta = \sqrt{2\delta}$ 及び $\mathrm{d}\beta = \mathrm{d}\delta\sqrt{2\delta}$ を得る．確率密度関数は，

　一次元の場合には，

$$p(\delta) = \frac{1}{\sigma\sqrt{\pi\delta}}\exp(-\delta/\sigma^2) \quad\cdots\cdots\cdots\cdots\cdots\cdots\cdots\cdots\text{(F.5a)}$$

二次元の場合には，

$$p(\delta) = \frac{1}{\sigma^2}\exp(-\delta/\sigma^2) \quad\cdots\cdots\cdots\cdots\cdots\cdots\cdots\cdots\cdots\text{(F.5b)}$$

を与える．ここに，

$$\int_0^\infty p(\delta)\mathrm{d}\delta = 1$$

　式(F.5a)と式(F.5b)は，両者の場合とも補正 δ の最ゆう（尤）値はゼロであることを示し，一次元の場合には δ の期待値と分散に対し，$E(\delta) = \sigma^2/2$ 及び $\mathrm{var}(\delta) = \sigma^4/2$ を，二次元の場合には，$E(\delta) = \sigma^2$ 及び $\mathrm{var}(\delta) = \sigma^4$ をそれぞれ得る．式(F.3a)，式(F.3b)及び式(F.4b)は，それぞれ次のようになる．

$$h = \overline{l}\left[1-(d/2)u^2(\beta)\right] \quad\cdots\cdots\cdots\cdots\cdots\cdots\cdots\text{(F.6a)}$$

$$h' = \overline{l}\left[1+(d/2)u^2(\beta)\right] \quad\cdots\cdots\cdots\cdots\cdots\cdots\cdots\text{(F.6b)}$$

$$u_\mathrm{c}^2(h) = u_\mathrm{c}^2(h') = u^2(\overline{l})+(d/2)\overline{l}^{\,2}u^4(\beta) \quad\cdots\cdots\cdots\text{(F.6c)}$$

ここに，d は次元の次数（$d = 1$ 又は 2）で，$u(\beta)$ は角度 β の標準不確かさであり，想定する正規分布の標準偏差 σ の最良推定値であって，測定に関して利用できる全ての情報から評価するもの（タイプ B の評価）と考える．以上は，測定対象量の値の推定値が入力量の不確かさに依存する場合の例である．

　式(F.6a)から式(F.6c)の式は，正規分布に固有のものであるが，この解析は

122   TS Z 0033:2012（ISO/IEC Guide 98-3:2008）

β に他の分布を仮定しても行うことができる．例えば，β に対し，一次元の場合には $+\beta_0$ と $-\beta_0$ の上下の限界値を，二次元の場合には $+\beta_0$ とゼロの上下の限界値をそれぞれもつ対称な一様分布を仮定すると，一次元の場合は $E(\delta)=\beta_0^2/6$ 及び $\mathrm{var}(\delta)=\beta_0^4/45$ を，二次元の場合は $E(\delta)=\beta_0^2/4$ 及び $\mathrm{var}(\delta)=\beta_0^4/48$ をそれぞれ与える．

> **注記**　これは f の非線形性のため，関数 $Y=f(X_1, X_2, \cdots, X_N)$ の一次のテイラー級数展開が，**5.1.2** の式 (10) の $u_c^2(y)$ を求めるには不適切な場合である．すなわち，$f: \overline{\cos\beta} \neq \cos\overline{\beta}$（**5.1.2** の**注記**及び **H.2.4** 参照）である．この解析は β で表しても完全に実施できるが，変数 δ を導入すると問題が単純化する．

ある量のとり得る値が全てある一つの限界値の片側にある場合のもう一つの例に，ある溶液の成分濃度の滴定による決定がある．この場合の終点はある信号の発現によって示されるが，加えた試薬の量は信号をトリガするのに必要な量より常に多く，決して少なくはならない．この限界点を超えて滴定した超過量がデータ補正において必要な変数であり，この場合の（そして同様の場合の）手順は，この超過量に対する適切な確率分布を仮定し，超過量の期待値とその分散を求めるためにこれを利用することである．

> **例**　下限値がゼロ，上限値が C_0 の一様分布を超過量 z について仮定する場合は，超過量の期待値は $C_0/2$ で，その分散は $C_0^2/12$ である．超過量の確率密度関数が $0 \leqq z < \infty$ の範囲で正規分布の式，すなわち $p(z)=(\sigma\sqrt{\pi/2})^{-1}\exp[-z^2/(2\sigma^2)]$ であるとする場合は，期待値は $\sigma\sqrt{\pi/2}$ で，分散は $\sigma^2(1-2/\pi)$ となる．

F.2.4.5　校正曲線による補正を加えないときの不確かさ

6.3.1 の**注記**は，有意の系統効果に対する既知の補正 b を，報告する測定結果に適用する代わりに，結果に付随する“不確かさ”を大きくすることで考慮に入れる場合を述べている．一例に，拡張不確かさ U を $U+b$ で置き換えるものがある．ここに，U は $b=0$ の仮定の下で得る拡張不確かさである．この例のようなやり方は実際には次の条件の全てを適用する場合に行うことがある．

附 属 書 F   123

すなわち，温度センサの校正曲線の場合のように，測定対象量 Y をパラメータ t の値の範囲で定義し，U も b も t に依存し，かつ，t の取り得る値の範囲にわたる測定対象量の全ての推定値 $y(t)$ に対してただ一つの"不確かさ"の値だけを与える場合である．このような場合には，測定結果をよく $Y(t) = y(t) \pm [U_{max} + b_{max}]$ と報告し，ここで，添字"max"は t の値の範囲での U の最大値と既知の補正 b の最大値を用いることを示す．

この標準仕様書は，既知で有意な系統効果については測定結果に補正を加えることを勧めているが，上記のような場合は $y(t)$ のそれぞれの値について個々の補正を計算し適用したり，個々の不確かさを計算し利用する時にかかる負担が容認できないので，この補正を加える方法がいつも適しているとはいえない．

この標準仕様書の原則と矛盾しない形での，この問題に対する比較的簡単な解決法は次による．

まず，単一の平均補正値 $\overline{b}$ を次の式から計算する．

$$\overline{b} = \frac{1}{t_2 - t_1} \int_{t_1}^{t_2} b(t) \mathrm{d}t \quad \cdots\cdots\cdots\cdots\cdots\cdots\cdots\cdots\cdots\cdots\cdots\cdots \text{(F.7a)}$$

ここに，t_1 及び t_2 はパラメータ t の対象とする範囲を規定する．次に，$Y(t)$ の最良推定値を $y'(t) = y(t) + \overline{b}$ とし，ここで，$y(t)$ は $Y(t)$ の補正前の最良推定値である．対象とする範囲での平均補正値 $\overline{b}$ の分散は，補正 $b(t)$ の実際の決定の不確かさを考慮に入れなければ，次の式を得る．

$$u^2(\overline{b}) = \frac{1}{t_2 - t_1} \int_{t_1}^{t_2} [b(t) - \overline{b}]^2 \mathrm{d}t \quad \cdots\cdots\cdots\cdots\cdots\cdots\cdots \text{(F.7b)}$$

補正 $b(t)$ の実際の決定による平均分散を次の式によって与える．

$$\overline{u^2[b(t)]} = \frac{1}{t_2 - t_1} \int_{t_1}^{t_2} u^2[b(t)] \mathrm{d}t \cdots\cdots\cdots\cdots\cdots\cdots\cdots \text{(F.7c)}$$

ここに，$u^2[b(t)]$ は補正値 $b(t)$ の分散である．同様に，補正値 $b(t)$ 以外の全ての不確かさの要因によって生じる $y(t)$ の平均分散を次の式から求める．

$$\overline{u^2[y(t)]} = \frac{1}{t_2 - t_1} \int_{t_1}^{t_2} u^2[y(t)] \mathrm{d}t \cdots\cdots\cdots\cdots\cdots\cdots\cdots \text{(F.7d)}$$

ここに，$u^2[y(t)]$ は補正値 $b(t)$ 以外の全ての不確かさの要因による $y(t)$ の分散である．したがって，測定対象量 $Y(t)$ の全ての推定値 $y'(t) = y(t) + \overline{b}$ に対して用いる標準不確かさのただ一つの値は，次の式の正の平方根である．

$$u_c{}^2(y') = \overline{u^2[y(t)]} + \overline{u^2[b(t)]} + u^2(\overline{b}) \quad\cdots\cdots\cdots\cdots\cdots\cdots \text{(F.7e)}$$

拡張不確かさ U は，$u_c(y')$ に適切に選んだ包含係数 k を乗じて求める．すなわち，$U = ku_c(y')$ であり，$Y(t) = y'(t) \pm U = y(t) + \overline{b} \pm U$ を得る．しかし，t の各値に適切な補正を行うのではなく，t の全ての値に同一の平均補正値を使用することを認め，U が何を表すかについて明確な表示を与えておく必要がある．

F.2.5 測定方法の不確かさ

F.2.5.1 評価するのが最も難しい不確かさ成分は，おそらく測定の方法に関するものである．その方法の適用によって，既に知られている他の全ての方法よりも結果の変動性が小さくなることが示された場合には特に難しい．しかし，方法論的には異なるが，一見して同等の妥当性をもつ結果を与える方法は他にもありそうであるが，これらの方法のあるものはまだ知られていないか，何らかの点で実用的でない．このことは標本抽出が容易であって統計的に扱える確率分布ではなく，ある先験的確率分布であることを暗示している．したがって，方法の不確かさが支配的であるとしても，その標準不確かさを評価するために利用できるただ一つの情報は，物理的世界に関する現有の知識であることが多い（**E.4.4** も参照）．

注記　同一の試験所又は異なる試験所のいずれかでの，異なった方法による同一測定対象量の決定，又は異なる試験所での同一の方法による同一測定対象量の決定は，ある特定の方法に起因する不確かさについての貴重な情報を提供することが多い．一般に，独立した測定を行うために測定標準又は標準物質を試験所間で交換することは，不確かさ評価の信頼性を評価し，また以前には識別できなかった系統効果を発見する有効な方法である．

附 属 書 F

F.2.6 試料の不確かさ

F.2.6.1 多くの測定では，未知の対象物を校正するために，未知の対象物と類似の特性をもつ既知の標準器とを比較することを含んでいる．例として，端度器，ある種の温度計，質量分銅の組，抵抗器及び高純度物質がある．このようなほとんどの場合には，これらの測定方法は，試料の選定（すなわち校正しようとする特定の未知の対象物），試料の処理又はいろいろな環境影響量の効果に対して特に敏感であるか，又は逆にそれらによって影響されやすいということはない．なぜなら，未知の対象物と標準器は一般にこのような変量に対して同じように（そして多くの場合予測可能なように）応答するからである．

F.2.6.2 一部の実際の測定状況では，サンプリングと試料処理は非常に大きな役割を果たす．自然の物質に対する化学分析では，よく見られる例である．測定の要求水準以上の水準で均質なことが明らかであろう人工の物質とは異なり，自然の物質は非常に不均質であることが多い．この不均質性は二つの不確かさ成分を追加する．第一の不確かさ成分の評価には，選定された試料が分析対象の母物質をどの程度適切に代表しているかを明らかにすることが必要である．第二の不確かさ成分の評価には，副次的な（分析されない）組成物が測定にどの程度影響しているか，また副次的な組成物を測定方法がどの程度適切に処理しているかを明らかにすることが必要である．

F.2.6.3 ある場合には，入念な実験計画によって試料に起因する不確かさを統計的に評価することが可能になる（**H.5** 及び **H.5.3.2** 参照）．しかしながら，通常，試料に対する環境影響量の効果が大きいときには特に，経験に裏打ちされた分析者の技能及び知識並びに現在利用できる全ての情報が不確かさの評価に必要である．

附属書 G
自由度及び信頼の水準

G.1 序文

G.1.1 この附属書では，測定対象量 Y の推定値 y 及びその推定値の合成標準不確かさ $u_c(y)$ から，ある特定の高い包含確率，すなわち信頼の水準 p をもつ区間 $y-U_p \leqq Y \leqq y+U_p$ を定める拡張不確かさ $U_p = k_p u_c(y)$ を求めるという一般的問題について検討する．したがって，ここでは，合理的に測定対象量 Y に結び付けられ得る値の分布のある大きな特定の割合 p を含むと期待されるような，測定結果 y に関する区間を与える包含係数 k_p をどう決定するかという問題を取り扱う（箇条 **6** 参照）．

G.1.2 実際の多くの測定状況では，特定の信頼の水準をもつ区間の計算―実際はこのような状況における個々の不確かさ成分の推定―はせいぜい近似的に実行できるにすぎない．正規分布に従う量で 30 回もの多数の繰返し観測であっても，その平均値の実験標準偏差は約 13 パーセントの不確かさをもっている（**表 E.1** 参照）．

多くの場合，例えば，95 パーセントの信頼の水準をもつ区間（測定対象量 Y の値がこの区間の外側にあるのは 20 に一つの機会）と 94 パーセント又は 96 パーセントの区間（それぞれ，17 又は 25 に一つの機会）とを区別しようと試みるのはあまり意味をなさない．99 パーセント（100 に一つの機会）以上の信頼の水準をもつ正当な区間を求めることは，たとえ系統効果を一つも見逃していないと仮定しても特に難しく，それは入力量の確率分布の最も端の部分すなわち "すそ" についての情報が一般にはほとんど得られていないからである．

G.1.3 特定の信頼の水準 p に対応する区間を与える包含係数 k_p の値を求めるには，測定結果とその合成標準不確かさにより特徴付けられる確率分布についての詳しい知識が必要である．例えば，期待値 μ_z 及び標準偏差 σ をもつ正規分布に従うある量 z に対して，この分布のうち p だけの割合を含む，すなわち

附 属 書 G　　　　　127

包含確率又は信頼の水準 p をもつ区間 $\mu_z \pm k_p \sigma$ を与える k_p の値は容易に計算できる．幾つかの例を表 **G.1** に示す．

> **注記**　z が期待値 μ_z 及び標準偏差 $\sigma = a/\sqrt{3}$ をもつ一様分布（ここで，a は分布の半幅）によって記述される場合は，信頼の水準 p は，$k_p = 1$ に対して 57.74 パーセント，$k_p = 1.65$ に対して 95 パーセント，$k_p = 1.71$ に対して 99 パーセント，$k_p \geqq \sqrt{3} \approx 1.73$ に対して 100 パーセントである．一様分布は，有限の範囲をもち，また"すそ"をもたないという意味では正規分布と比べて"より狭い"といえる．

表 **G.1**－正規分布の場合の信頼の水準 p をもつ区間を与える包含係数 k_p の値

信頼の水準 p (%)	包含係数 k_p
68.27	1
90	1.645
95	1.960
95.45	2
99	2.576
99.73	3

G.1.4　測定対象量 Y が従属する入力量 X_1, X_2, …, X_N の確率分布が既知［分布が正規分布でなければ，それらの期待値，分散及び高次のモーメントが既知（**C.2.13** 及び **C.2.22** 参照）］であり，更に Y が入力量の線形関数 $Y = c_1 X_1 + c_2 X_2 + \cdots + c_N X_N$ である場合は，Y の確率分布は個々の確率分布の畳み込みをとることによって求めることができる[10]．特定の信頼の水準 p に対応する区間を与える k_p の値は，この畳み込みによって得られる分布から計算される．

G.1.5　Y とその入力量との間の関数関係が非線形で，この関数の 1 次のテイラー展開が受け入れられない近似である場合は（**5.1.2** 及び **5.1.5** 参照），Y の確率分布は，入力量の分布の畳み込みをとることによっては求められない．こ

128   TS Z 0033:2012 (ISO/IEC Guide 98-3:2008)

のような場合には，他の解析的な，又は数値的な方法が必要となる．

G.1.6   実際には，入力量の確率分布を特徴付けるパラメータは通常は推定量であること，与えられた信頼区間に付随する信頼の水準をかなりの正確さで知ることができると期待するのは非現実的であること，また，確率分布の畳み込みをとるのは複雑であることなどのため，特定の信頼の水準を計算する必要のあるときに，このような畳み込みが実行されることはめったにない．その代わり，中心極限定理を利用した近似法が用いられる．

G.2   中心極限定理

G.2.1 $Y = c_1 X_1 + c_2 X_2 + \cdots + c_N X_N = \sum_{i=1}^{N} c_i X_i$ で，全ての X_i が正規分布で特徴付けられる場合は，Y の合成畳み込み分布も正規分布となる．しかし，たとえ X_i の分布が正規分布でなくても，Y の分布は中心極限定理によって正規分布により近似できる場合がある．この定理によると，X_i が独立で，$\sigma^2(Y)$ が正規分布でない X_i からの個々の成分 $c_i^2 \sigma^2(X_i)$ のどれよりもはるかに大きい場合は，Y の分布が期待値 $E(Y) = \sum_{i=1}^{N} c_i E(X_i)$ 及び分散 $\sigma^2(Y) = \sum_{i=1}^{N} c_i^2 \sigma^2(X_i)$ をもつ近似的な正規分布とみなせる．ここに，$E(X_i)$ は X_i の期待値で，$\sigma^2(X_i)$ は X_i の分散である．

G.2.2   中心極限定理は，Y の合成畳み込み分布の形を決定するときに，入力量の確率分布の分散が，これらの分布のより高次のモーメントの役割と比較して，非常に重要な役割を果たすことを示している点で大きな意義をもつ．さらに，それは $\sigma^2(Y)$ に寄与する入力量の数が増すと，畳み込み分布は正規分布に収束することを意味する．すなわち，$c_i^2 \sigma^2(X_i)$ の値が互いにより近い（これは，それぞれの入力推定値 x_i が測定対象量 Y の推定値 y の不確かさにほぼ同じ大きさの寄与をする不確かさをもつということと実際には同等である．）ほど，この収束は一層速くなり，また X_i の分布が正規分布に近いほど，Y が正規分布になるのに必要な X_i の数は少なくてよい．

附属書 G 129

例 一様分布（**4.3.7** 及び **4.4.5** 参照）は非正規分布の極端な例であるが，等しい幅をもつ僅か三つのこの分布の畳み込みでも近似的には正規分布となる．三つの一様分布のそれぞれの幅の半分が a で，各分布の分散が $a^2/3$ の場合は，畳み込み分布の分散は $\sigma^2 = a^2$ である．畳み込み分布の 95 パーセント及び 99 パーセント区間はそれぞれ 1.937σ 及び 2.379σ となり，一方で同じ標準偏差 σ をもつ正規分布のそれぞれに対応する区間は 1.960σ 及び 2.576σ である（**表 G.1** 参照）[10]．

注記 1 約 91.7 パーセントより大きい信頼の水準 p をもつあらゆる区間に対して，正規分布における k_p の値は，任意の数と大きさの一様分布の畳み込みによって作られる分布についての対応する値よりも大きい．

注記 2 中心極限定理から，期待値 μ_q と有限の標準偏差 σ をもつ確率変数 q の n 個の観測値 q_k の相加平均 $\overline{q}$ の確率分布は，q の確率分布が何であろうと，$n \to \infty$ のとき，平均 μ_q 及び標準偏差 $\sigma/\sqrt{n}$ をもつ正規分布に近づく．

G.2.3 中心極限定理の実用的な結論は，その成立条件が近似的に満たされていると確認できるとき，特に，合成標準不確かさ $u_c(y)$ の大きさの大部分が僅か数個の観測に基づくタイプ A の評価から求めた標準不確かさ成分，又は一様分布という仮定に基づいてタイプ B の評価から求めた標準不確かさ成分によって占められているのでない場合は，信頼の水準 p をもつ区間を与える拡張不確かさ $U_p = k_p u_c(y)$ を計算するための合理的な第一近似は，k_p に関して正規分布についての値を用いることである．この目的に最も広く用いられる値は **表 G.1** に与えられている．

G.3 t 分布と自由度

G.3.1 **G.2.3** におけるように正規分布からの k_p の値を単純に利用するよりも更によい近似を得るためには，特定の信頼の水準をもつ区間の計算に，変数 $[Y-E(Y)]/\sigma(Y)$ の分布ではなくて，変数 $(y-Y)/u_c(y)$ の分布が必要であるこ

130   TS Z 0033:2012（ISO/IEC Guide 98-3:2008）

とを認識しなくてはならない．なぜならば，現実に，通常利用できるものは単に $y = \sum_{i=1}^{N} c_i x_i$ から求める Y の推定値 y 及び $u_c^2(y) = \sum_{i=1}^{N} c_i^2 x^2(x_i)$ から評価する y の合成分散 $u_c^2(y)$ にすぎないからである．ただし，x_i は X_i の推定値，$u(x_i)$ は推定値 x_i の標準不確かさ（推定標準偏差）である．

    注記   厳密に言えば，$(y-Y)/u_c(y)$ の式において，Y は $E(Y)$ を意味すると考えるべきである．簡略化のため，このような区別はこの手引きでは数箇所でだけ行っている．一般に，物理量，その量の確率変数，及びその変数の期待値に対して，同じ記号を用いている（**4.1.1** の**注記**参照）．

G.3.2 z が正規分布に従う確率変数で，その期待値を μ_z，標準偏差を σ とし，また $\overline{z}$ が z に対する独立な n 回の観測値 z_k の相加平均で，$\overline{z}$ の実験標準偏差を $s(\overline{z})$ とすると［**4.2** の式(3)及び式(5)参照］，変数 $t = (\overline{z} - \mu_z)/s(\overline{z})$ の分布は自由度 $\nu = n-1$ の **t 分布**すなわち**スチューデントの分布**（**C.3.8**）である．

   この結果，測定対象量 Y が単に正規分布に従う一つの量 X で，すなわち $Y = X$ であり，また，X が X の独立な n 回の繰返し観測値 X_k の相加平均 $\overline{X}$ によって推定され，その平均値の実験標準偏差が $s(\overline{X})$ である場合は，Y の最良推定値は $y = \overline{X}$ で与えられ，その推定値の実験標準偏差は $u_c(y) = s(\overline{X})$ で与えられる．このとき，$t = (\overline{z} - \mu_z)/s(\overline{z}) = (\overline{X} - X)/s(\overline{X}) = (y-Y)/u_c(y)$ は，次の関係をもつ t 分布に従って分布する．

$$\Pr[-t_p(\nu) \leq t \leq t_p(\nu)] = p \quad\cdots\cdots\cdots\cdots\cdots\cdots\cdots\cdots \text{(G.1a)}$$

すなわち

$$\Pr[-t_p(\nu) \leq (y-Y)/u_c(y) \leq t_p(\nu)] = p \quad\cdots\cdots\cdots\cdots \text{(G.1b)}$$

この式は次のように書き換えられる．

$$\Pr[y - t_p(\nu)u_c(y) \leq Y \leq y + t_p(\nu)u_c(y)] = p \quad\cdots\cdots\cdots\cdots \text{(G.1c)}$$

   これらの式で，$\Pr[\ ]$ は $[\ ]$ の確率を意味し，t 値 $t_p(\nu)$ はある与えられた値のパラメータ ν —すなわち自由度（**G.3.3** 参照）—に対する t の値であり，t 分布の p だけの割合が $-t_p(\nu)$ から $+t_p(\nu)$ の区間に含まれるような値である．

附 属 書 G   131

したがって，拡張不確かさ

$$U_p = k_p u_c(y) = t_p(\nu)u_c(y) \cdots\cdots\cdots\cdots\cdots\cdots\cdots\cdots (G.1d)$$

は$y-U_p$から$y+U_p$までの，便宜上$Y = y \pm U_p$と書かれる区間を定める．この区間は，合理的にYに結び付け得る値の分布の部分pを含むと期待され，pはその区間の包含確率又は信頼の水準である．

G.3.3　自由度νは，**G.3.2**におけるように，独立なn個の観測値の相加平均によって推定される一つの量に対しては，$n-1$に等しい．独立なn個の観測値が最小二乗法によって直線の勾配及び切片の両方を決めるのに用いられる場合は，それぞれの標準不確かさの自由度は$\nu = n-2$である．n個のデータ点にm個のパラメータを最小二乗によって当てはめる場合には，各パラメータの標準不確かさの自由度は$\nu = n-m$である（自由度についての詳しい議論は，文献[15]を参照する．）．

G.3.4　νのいろいろな値とpの幾つかの値に対する$t_p(\nu)$の値をこの附属書の最後の**表 G.2**に示す．$\nu \to \infty$のとき，t分布は正規分布に近づき，$t_p(\nu) \approx (1+2/\nu)^{1/2}k_p$となる．この式の$k_p$は，正規分布に従う変数に対して，信頼の水準$p$をもつ区間を求めるのに必要な包含係数である．したがって，与えられたpに対する**表 G.2**の$t_p(\infty)$の値は，**表 G.1**中の同じpに対するk_pの値に等しい．

> **注記**　t分布は，累積確率を用いて表にされることが多い．すなわち，累積確率を$1-\alpha$として，次の累積確率を定義する式を満たす$t_{1-\alpha}$の値が与えられている．
>
> $$1-\alpha = \int_{-\infty}^{t_{1-\alpha}} f(t, \nu)\mathrm{d}t$$
>
> ここに，fはtの確率密度関数である．こうして，t_p及び$t_{1-\alpha}$は$p = 1-2\alpha$によって関係付けられている．例えば，$1-\alpha = 0.975$の累積確率（$\alpha = 0.025$）に相当する$t_{0.975}$は$p = 0.95$に対する$t_p(\nu)$と同じである．

132   TS Z 0033:2012 (ISO/IEC Guide 98-3:2008)

G.4 有効自由度

G.4.1　一般に，$u_c^2(y)$ が二つ以上の推定分散成分 $u_i^2(y) = c_i^2 u^2(x_i)$ （**5.1.3** 参照）の和である場合は，たとえ各 x_i が正規分布に従う入力量 X_i の推定値であっても，t 分布は変数 $(y-Y)/u_c(y)$ の分布を表さないであろう．しかし，この変数の分布は次の Welch-Satterthwaite の式から導かれる有効自由度 ν_{eff} をもつ t 分布によって近似することができる [16]，[17]，[18]．すなわち，

$$\frac{u_c^4(y)}{\nu_{\mathrm{eff}}} = \sum_{i=1}^{N} \frac{u_i^4(y)}{\nu_i} \quad\text{...} \text{(G.2a)}$$

又は

$$\nu_{\mathrm{eff}} = \frac{u_c^4(y)}{\displaystyle\sum_{i=1}^{N} \frac{u_i^4(y)}{\nu_i}} \quad\text{...} \text{(G.2b)}$$

ここに，

$$\nu_{\mathrm{eff}} \leqq \sum_{i=1}^{N} \nu_i \quad\text{..} \text{(G.2c)}$$

であり，$u_c^2(y) = \sum_{i=1}^{N} u_i^2(y)$ （**5.1.3** 参照）である．したがって，拡張不確かさ $U_p = k_p u_c(y) = t_p(\nu_{\mathrm{eff}}) u_c(y)$ が，およその信頼の水準 p をもつ区間 $Y = y \pm U_p$ を与える．

注記1　式 (G.2b) から求められる ν_{eff} の値が，現実の多くの場合のように整数でないときは，t_p の対応する値は，**表 G.2** から内挿によるか，又は ν_{eff} を小さい側の最も近い整数に切り捨てることによって求められる．

注記2　入力推定値 x_i がそれ自身二つ以上の他の推定値から求められるときは，式 (G.2b) の分母で，$u_i^4(y) = [c_i^2 u^2(x_i)]^2$ とともに用いるべき ν_i の値は式 (G.2b) と同等の式から計算される有効自由度となる．

注記3　測定結果を利用する人々にとってそれが有効と考えられる場合は，

ν_{eff} だけでなく，タイプ A 及びタイプ B 評価から求められる標準不確かさを別々に取り扱って式(G.2b)から得られる ν_{effA} 及び ν_{effB} の値を計算し，報告するとよい．タイプ A とタイプ B の標準不確かさがそれぞれ単独に $u_c^2(y)$ に寄与する分をそれぞれ $u_{cA}^2(y)$ 及び $u_{cB}^2(y)$ で表すと，これらの各量は次の式によって関係付けられる．

$$u_c^2(y) = u_{cA}^2(y) + u_{cB}^2(y)$$

$$\frac{u_c^4(y)}{\nu_{eff}} = \frac{u_{cA}^4(y)}{\nu_{effA}} + \frac{u_{cB}^4(y)}{\nu_{effB}}$$

例 $Y = f(X_1, X_2, X_3) = bX_1 X_2 X_3$ であり，正規分布に従う入力量 X_1, X_2, X_3 の推定値 x_1, x_2, x_3 がそれぞれ $n_1 = 10$，$n_2 = 5$ 及び $n_3 = 15$ の独立な繰返し観測値の相加平均で，それらの相対標準不確かさを $u(x_1)/x_1 = 0.25\%$，$u(x_2)/x_2 = 0.57\%$ 及び $u(x_3)/x_3 = 0.82\%$ とする．この場合，$c_i = \partial f/\partial X_i = Y/X_i$（$x_1$, x_2, x_3 において評価するものとする．**5.1.3** の**注記**参照），

$[u_c(y)/y]^2 = \sum_{i=1}^{3} [u(x_i)/x_i]^2 = (1.03\%)^2$ （**5.1.6** の**注記 2** 参照）であり，また式(G.2b)は

$$\nu_{eff} = \frac{[u_c(y)/y]^4}{\sum_{i=1}^{3} \frac{[u(x_i)/x_i]^4}{\nu_i}}$$

となる．したがって，

$$\nu_{eff} = \frac{1.03^4}{\dfrac{0.25^4}{10-1} + \dfrac{0.57^4}{5-1} + \dfrac{0.82^4}{15-1}} = 19.0$$

$p = 95\%$，及び $\nu = 19$ に対する t_p の値は，**表 G.2** から $t_{95}(19) = 2.09$ であり，したがって，この信頼の水準に対する相対拡張不確かさは $U_{95} = 2.09 \times (1.03\%) = 2.2\%$ である．それゆえ，$Y = y \pm U_{95} =$

$y(1 \pm 0.022)$ (y は $y = bx_1x_2x_3$ から決定される.），すなわち $0.978y \leqq Y \leqq 1.022y$ であり，この区間の信頼の水準は約 95 パーセントであるということができる.

G.4.2 実際には，$u_c(y)$ は，正規分布及び正規分布でない分布の両方に従う複数の入力量の入力推定値の標準不確かさ $u(x_i)$ に依存し，また，この $u(x_i)$ は度数基準の確率分布及び先験的な確率分布の双方から（すなわちタイプ A 及びタイプ B 評価の双方から）求められる.　同じことは推定値 y 及び y が従属する入力推定値 x_i にも当てはまる.　それでもなお，関数 $t = (y - Y)/u_c(y)$ の確率分布は，その期待値のまわりでテイラー級数に展開できるならば，t 分布で近似することができる.　Welch-Satterthwaite の式，すなわち式（G.2a）又は式（G.2b）で行っているのは，本質的には，テイラー展開の最低次の近似である.

ν_{eff} を式（G.2b）から計算する場合，タイプ B の評価から求められる標準不確かさにどのような自由度を割り当てればよいかという疑問が生じる.　自由度を適切に定義するため，t 分布に現れる ν は分散 $s^2(\overline{z})$ の不確かさの尺度になっていることに注意する.　したがって，自由度 ν_i を定めるのに **E.4.3** の式（E.7）を用いて，

$$\nu_i \approx \frac{1}{2} \frac{u^2(x_i)}{\sigma^2[u(x_i)]} \approx \frac{1}{2} \left[\frac{\Delta u(x_i)}{u(x_i)} \right]^{-2} \quad \text{……………………（G.3）}$$

上式の大括弧の中の量は $u(x_i)$ の相対不確かさである.　標準不確かさのタイプ B の評価に対しては，この量は主観的な量であり，その値は利用可能な情報の蓄積に基づく科学的判断によって求められる.

例　入力推定値 x_i をどのように決定し，その標準不確かさ $u(x_i)$ をどのように評価したかについてのある人の知識によると，$u(x_i)$ の値が約 25 パーセントの範囲で信頼できると判断できるとする.　これから相対不確かさが $\Delta u(x_i)/u(x_i) = 0.25$ であると考えられ，したがって，式（G.3）から $\nu_i = (0.25)^{-2}/2 = 8$ となる.　代わりに，$u(x_i)$ の値が約 50 パーセントで信頼し得るにすぎないと判断する場合は，$\nu_i = 2$ となる（**表 E.1**も参照).

G.4.3 **4.3** 及び **4.4** において先験的確率分布からの標準不確かさのタイプ B
の評価について議論したが，そこでは，このような評価から生まれる $u(x_i)$ の
値は正確に分かっていると暗黙のうちに仮定されていた．例えば，$u(x_i)$ を，
4.3.7 及び **4.4.5** におけるように，見掛けの幅の半分 $a = (a_+ - a_-)/2$ の一様分
布から求めるときは，a_+ 及び a_-，したがって a が一定とみなせるため，
$u(x_i) = a/\sqrt{3}$ は不確かさをもたない一定値とみなせる（ただし，**4.3.9** の**注記
2** 参照）．これは式(G.3)によって，$\nu_i \to \infty$ 又は $1/\nu_i \to 0$ であることを意味する
が，式(G.2b)を評価する上での困難は生じない．$\nu_i \to \infty$ と仮定するのも必ず
しも非現実的なことではない．実際，問題とする量が a_- から a_+ の区間の外側
にある確率が極めて小さくなるような a_- 及び a_+ の選び方をするのはよくある
ことである．

G.5 ほかの考察

G.5.1 次の式は測定の不確かさに関する文献で見られ，また95パーセントの
信頼の水準をもつ区間を与えるものとして不確かさを求めるのによく使用され
る．

$$U_{95}' = [t_{95}{}^2(\nu_{\text{eff}}')s^2 + 3u^2]^{1/2} \quad\cdots\cdots\cdots\cdots\cdots\cdots\cdots\cdots (G.4)$$

ここに，$t_{95}(\nu_{\text{eff}}')$ は ν_{eff}' の自由度及び $p = 95$ パーセントの t 分布から求めら
れる．ただし ν_{eff}' は Welch-Satterthwaite の式［式(G.2b)］から計算される有
効自由度であり，当該測定の繰返し観測から統計的に評価される標準不確かさ
成分 s_i だけを考慮している．$s^2 = \sum c_i{}^2 s_i{}^2$，$c_i \equiv \partial f/\partial x_i$ として $u^2 = \sum u_j{}^2(y) = \sum c_j{}^2(a_j{}^2/3)$ は他の全ての不確かさ成分を含む．ここで，$+a_j$ 及び $-a_j$ は最良
推定値 x_j からの差で表した X_j の上限及び下限で（すなわち $x_j - a_j \leqq X_j \leqq x_j + a_j$）これらは正確に分かっているものとしている．

> **注記** 当該の測定以外で行われた繰返し観測に基づく成分は，u^2 に含ま
> れる他の成分と同様に扱われる．したがって，式(G.4)及び次の項
> の式(G.5)の間の意味のある比較を行うためには，このような成分
> は，もし存在しても，無視できると仮定する．

G.5.2 95 パーセントの信頼の水準の区間を与える拡張不確かさを **G.3** 及び **G.4** で推奨した方法によって評価する場合は，式(G.4)の代わりに次の式を用いる．

$$U_{95} = t_{95}(\nu_{\text{eff}})(s^2 + u^2)^{1/2} \quad\cdots\cdots\cdots\cdots\cdots\cdots\cdots\cdots\cdots\cdots \quad (G.5)$$

ここに，ν_{eff} は式(G.2b)から計算され，その計算には全ての不確かさ成分を含む．

式(G.5)を評価する際に全てのタイプ B の分散が式(G.4)の u^2 の計算に用いられる限界値 a_j と同じ半幅をもつ先験的一様分布から求められると仮定する場合は，ほとんどの場合式(G.5)から得られる U_{95} の値は式(G.4)から得られる $U_{95}{}'$ の値よりも大きくなるであろう．このことは，$t_{95}(\nu_{\text{eff}}{}')$ はほとんどの場合 $t_{95}(\nu_{\text{eff}})$ よりも幾らか大きいが，両係数とも 2 に近く，更に式(G.5)では u^2 に $t_p{}^2(\nu_{\text{eff}}) \approx 4$ が乗じられており，一方式(G.4)では u^2 に 3 が乗じられていることに注意すれば理解できるであろう．$u^2 \ll s^2$ に対しては，両式は $U_{95}{}'$ 及び U_{95} に等しい値を与えるが，$u^2 \gg s^2$ の場合は，$U_{95}{}'$ は U_{95} より 13 パーセントほど小さい．こうして，一般に，式(G.4)は，式(G.5)から計算される拡張不確かさによって与えられる区間より小さい信頼の水準をもつ区間を与える不確かさを生じる．

注記 1 $u^2/s^2 \to \infty$ 及び $\nu_{\text{eff}} \to \infty$ の極限では，$U_{95}{}' \to 1.732 u$ となり，一方 $U_{95} \to 1.960 u$ となる．この場合，$U_{95}{}'$ は 91.7 パーセントの信頼の水準しかない区間を与え，一方 U_{95} は 95 パーセント区間を与える．この計算は，上下の限界値の推定値から求められる成分が大部分を占めており，その数が多く，更に互いに同程度の大きさの $u_j{}^2(y) = c_j{}^2 a_j{}^2/3$ の値をもっているときは，ほぼ現実に近い値を与える．

注記 2 正規分布に対しては，包含係数 $k = \sqrt{3} \approx 1.732$ は $p = 91.673\ldots\%$ の信頼の水準をもつ区間を与える．この p の値は，ほかのどのような p の値と比較しても，入力量が正規分布から少しずれたときに，最も影響を受けにくいという意味でロバスト（頑健）な値で

あるといえる.

G.5.3 場合によっては入力量 X_i は,非対称に分布することがある.すなわち,その期待値のまわりで一方の符号をもったずれの方が他方の符号のずれより生じやすい場合である(**4.3.8** 参照).非対称性は,X_i の推定値 x_i の標準不確かさ $u(x_i)$ の評価,したがって $u_c(y)$ の評価には,何の相違も生まないが,U の計算には影響を及ぼす.

一方の符号のずれと他方の符合のずれとの間で,費用の差があるというような区間でない限り,対称な区間 $Y = y \pm U$ を与えるのが通常便利である.X_i の非対称性が測定結果 y 及びその合成標準不確かさ $u_c(y)$ によって特徴付けられる確率分布に僅かな非対称しか生じない場合は,対称な区間を示すことによって一方の側で失われる確率は他方の側で得られる確率によって補償される.このようにする代わりに,確率が対称(したがって U が非対称)となる区間を与えることもできる.すなわち,Y が下限値 $y - U_-$ 未満にある確率が,Y が上限値 $y + U_+$ を超える確率に等しくする.しかし,このような限界値を示すためには,単に推定値 y 及び $u_c(y)$ だけでなく,もっと多くの情報 [したがって,単に各入力量 X_i の推定値 x_i 及び $u(x_i)$ だけでなく,もっと多くの情報] が必要となる.

G.5.4 ここで示した $u_c(y)$,ν_{eff} 及び t 分布からの係数 $t_p(\nu_{\text{eff}})$ で表される拡張不確かさ U_p の評価は一つの近似的評価であるにすぎない,限界がある.$(y - Y)/u_c(y)$ の分布は,Y の分布が正規分布で,推定値 y 及びその合成標準不確かさ $u_c(y)$ が独立であり,更に $u_c^2(y)$ の分布が χ^2 分布であるという条件の下でだけ,t 分布で与えられる.式(G.2b)による ν_{eff} の導入は,この最後の条件だけに関連しており,$u_c^2(y)$ に対して近似的な χ^2 分布を与える.Y の分布の非正規性から起こる問題の他の部分について検討を加えるためには,分散だけでなく高次のモーメントについても考慮する必要がある.

G.6 まとめと結論

G.6.1 ある特定の水準に近い信頼の水準 p をもつ区間を与える包含係数 k_p は,

138　　TS Z 0033:2012（ISO/IEC Guide 98-3:2008）

各入力量の確率分布についての詳しい知識があり，またこれらの分布を組み合わせて出力量の分布が分かるような場合にだけ計算することができる．入力推定値x_i及びその標準不確かさ$u(x_i)$はそれらだけではこの目的に不十分である．

G.6.2　利用できる情報の範囲及び信頼性に限度があるため，確率分布を合成するのに要する大量の計算はほとんどの場合無意味であり，むしろ，出力量の分布に対する何らかの近似を行う方がよい．中心極限定理に従い，$(y-Y)/u_c(y)$の確率分布がt分布であると仮定し，Welch-Satterthwaite の式［式(G.2b)］から求められる$u_c(y)$の有効自由度ν_{eff}に基づくt値を用いて，$k_p=t_p(\nu_{eff})$とすることは通常適切である．

G.6.3　式(G.2b)からν_{eff}を求めるには，各標準不確かさ成分に対する自由度ν_iが必要である．タイプAの評価から得られる成分については，ν_iは対応する入力推定値の基礎となる独立な繰返し観測の数及び，これらの観測値から決定される独立な量の数から求められる（**G.3.3** 参照）．タイプBの評価から得られる成分については，ν_iはその成分の値がどの程度の信頼性をもっているかを判断することによって求められる［**G.4.2** 及び式(G.3)参照］．

G.6.4　以上によって，およその信頼の水準pをもつ区間$Y=y\pm U_p$を与えるための拡張不確かさ$U_p=k_pu_c(y)$を計算する望ましい方法をまとめると次のようになる．すなわち，

1)　y及び$u_c(y)$を箇条**4**及び箇条**5**に述べたように求める．

2)　ν_{eff}を Welch-Satterthwaite の式［式(G.2b)］によって計算する（参照を容易にするため，次に再掲する）．

$$\nu_{eff}=\frac{u_c^4(y)}{\displaystyle\sum_{i=1}^{N}\frac{u_i^4(y)}{\nu_i}} \quad\cdots\cdots\cdots\cdots\cdots\cdots\cdots\cdots\cdots\cdots\cdots\cdots\cdots\cdots\cdots (G.2b)$$

　$u(x_i)$がタイプA評価から求められる場合には，ν_iを **G.3.3** で述べたように決定する．$u(x_i)$がタイプB評価から求められ，実際によくあるように，正確に既知であるとして取り扱える場合には，$\nu_i\to\infty$とし，さもなければ，ν_iを式(G.3)から推定する．

3) 所要の信頼の水準 p に対応する t 値 $t_p(\nu_{\text{eff}})$ を**表 G.2** から求める．ν_{eff} が整数でないときは，内挿するか，又は ν_{eff} を切り捨てによって最も近い整数に丸めて用いる．

4) $k_p = t_p(\nu_{\text{eff}})$ とし，$U_p = k_p u_c(y)$ を計算する．

G.6.5 実際にはそれほど頻繁に起こるものではないが，ある状況では，中心極限定理に要求される条件が十分に満たされるとは限らず，また **G.6.4** の方法が受け入れ難い結果を招くことがある．例えば，$u_c(y)$ の中で，限界値が厳密に既知であるとみなされる一様分布から評価された不確かさのある成分が際立って大きい場合には，U_p によって定まる区間の上下の限界値，$y+U_p$ 及び $y-U_p$，が出力量 Y の確率分布の限界値の外側にあるということがあり得る $[t_p(\nu_{\text{eff}}) > \sqrt{3}$ の場合$]$．このような事例はそれぞれの状況に応じて対処すべきであるが，多くは近似的な解析処理を施すことができる（例えば，正規分布及び一様分布の畳み込み[10]など）．

G.6.6 広範な分野における実際の多くの測定に対しては，次の条件が一般的である．

— 測定対象量 Y の推定値 y は，正規分布又は一様分布のような振舞いのよく分かった確率分布によって記述できる十分な数の入力量 X_i の推定値 x_i から求められる．

— タイプ A 又はタイプ B の評価のいずれかによって求められるこれらの推定値の標準不確かさ $u(x_i)$ は，測定結果 y の合成標準不確かさ $u_c(y)$ に対し，同程度の大きさの寄与をもつ．

— 不確かさの伝ぱ則に含まれる線形近似が適切である（**5.1.2** 及び **E.3.1** 参照）．

— $u_c(y)$ の不確かさは，その有効自由度 ν_{eff} が十分に大きい，例えば 10 以上，であるために，かなり小さい．

このような条件の下では，測定結果及びその合成標準不確かさによって特徴付けられる確率分布は，中心極限定理に従えば正規分布であるとみなすことができる．また $u_c(y)$ は，ν_{eff} が十分大きいために，その正規分布の標準偏差の

140   TS Z 0033:2012 (ISO/IEC Guide 98-3:2008)

かなり信頼できる推定値と考えてよい．したがって，不確かさの評価手順が近
似的なものであること，及び1ないし2パーセントだけ異なる信頼の水準をも
つ区間を区別しようとすることは非現実的であることを強調したことを含め，
この附属書で述べた議論に基づいて次のことを行うことができる．

— $k = 2$ を採用し，$U = 2u_c(y)$ が約95パーセントの信頼の水準をもつ区間
   を定めるとみなす．

   又はより厳格に適用する場合には，

— $k = 3$ を採用し，$U = 3u_c(y)$ が約99パーセントの信頼の水準をもつ区間
   を定めるとみなす．

   このような方法は実際の多くの測定に適しているが，それが個別に測定に適
用できるかどうかは，$k = 2$ が $t_{95}(\nu_{eff})$ に，又は $k = 3$ が $t_{99}(\nu_{eff})$ にどれほど近
くなければならないかに依存するであろう．すなわち，$U = 2u_c(y)$ 又は
$U = 3u_c(y)$ で定められる区間の信頼の水準がそれぞれ95パーセント又は99
パーセントにどれほど近くなければならないかによる．$\nu_{eff} = 11$ の場合，$k = 2$
及び $k = 3$ は $t_{95}(11)$ 及び $t_{99}(11)$ をそれぞれ約10パーセント及び4パーセント
過小に評価するにすぎないが（**表 G.2** 参照），これはある場合には受け入れら
れないものかもしれない．さらに，13よりも幾らか大きい全ての ν_{eff} に対して
は，$k = 3$ は99パーセントより大きい信頼の水準をもつ区間を与える（**表 G.2**
参照．この表で，$\nu_{eff} \to \infty$ に対しては $k = 2$ 及び $k = 3$ によって与えられる区
間の信頼の水準はそれぞれ95.45及び99.73パーセントであることが分かる．）．
したがって，実際には ν_{eff} の大きさ，及び拡張不確かさについて何が要求され
ているかによって，このような方法を採用してよいかどうかが決まる．

附 属 書 G　　　　　　　　141

表 G.2－分布の部分 p を含む $-t_p(\nu)$ から $+t_p(\nu)$ の区間を定める，自由度 ν に対する t 分布の $t_p(\nu)$ の値

自由度	パーセントで表した比率 p					
ν	68.27 [a]	90	95	95.45 [a]	99	99.73 [a]
1	1.84	6.31	12.71	13.97	63.66	235.80
2	1.32	2.92	4.30	4.53	9.92	19.21
3	1.20	2.35	3.18	3.31	5.84	9.22
4	1.14	2.13	2.78	2.87	4.60	6.62
5	1.11	2.02	2.57	2.65	4.03	5.51
6	1.09	1.94	2.45	2.52	3.71	4.90
7	1.08	1.89	2.36	2.43	3.50	4.53
8	1.07	1.86	2.31	2.37	3.36	4.28
9	1.06	1.83	2.26	2.32	3.25	4.09
10	1.05	1.81	2.23	2.28	3.17	3.96
11	1.05	1.80	2.20	2.25	3.11	3.85
12	1.04	1.78	2.18	2.23	3.05	3.76
13	1.04	1.77	2.16	2.21	3.01	3.69
14	1.04	1.76	2.14	2.20	2.98	3.64
15	1.03	1.75	2.13	2.18	2.95	3.59
16	1.03	1.75	2.12	2.17	2.92	3.54
17	1.03	1.74	2.11	2.16	2.90	3.51
18	1.03	1.73	2.10	2.15	2.88	3.48
19	1.03	1.73	2.09	2.14	2.86	3.45
20	1.03	1.72	2.09	2.13	2.85	3.42
25	1.02	1.71	2.06	2.11	2.79	3.33
30	1.02	1.70	2.04	2.09	2.75	3.27
35	1.01	1.70	2.03	2.07	2.72	3.23
40	1.01	1.68	2.02	2.06	2.70	3.20
45	1.01	1.68	2.01	2.06	2.69	3.18
50	1.01	1.68	2.01	2.05	2.68	3.16
100	1.005	1.660	1.984	2.025	2.626	3.077
∞	1.000	1.645	1.960	2.000	2.576	3.000

注 [a] 期待値 μ_z，標準偏差 σ の正規分布に従う量 z に対し，区間 $\mu_z \pm k\sigma$ は，$k=1$，2 及び 3 としたとき，それぞれ，分布の $p=68.27$，95.45 及び 99.73 ％を含む.

142

附属書 H
事例

この附属書では，かなり詳細な記述を含む **H.1 ～ H.6** の六つの事例を紹介し，この標準仕様書で提示した測定の不確かさを評価し表現するための基本原則を説明する．本体及び他の附属書に含む例題とともに，これらの事例を参考にすることによって，この標準仕様書の使用者がそれぞれの仕事で，これらの原則を実際に応用することができる．

この附属書の事例は説明を目的としているため，当然簡略化している．さらに，事例とそれに用いた数値データはこの標準仕様書の原則を解説するように選んだため，事例又はデータのいずれも，必ずしも実際の生の測定を記述するような説明にはなっていない．データの丸めの誤差を防ぐため，通常示すよりも多くの桁の数字を途中の計算では残している．したがって，複数の量を含む計算の結果はこれらの量について本文で与えた数値の結果と僅かに違って表示していることがある．

この標準仕様書の最初の部分で，不確かさの成分の評価のために用いた方法をタイプＡ又はタイプＢとして分類するのは単に便宜上のためであることを指摘した．すなわち，不確かさの成分は全て，それらをどのように評価しようと，同じ方法で取り扱うため（**3.3.4**，**5.1.2** 及び **E.3.7** 参照），測定結果の合成標準不確かさ及び拡張不確かさの決定にこの分類は必要ではない．したがって，次の事例では，不確かさの特定の成分の評価に用いる方法を，そのタイプについて特に識別することはしない．しかし，ある成分をタイプＡ又はタイプＢのいずれの評価から求めたかについては，議論の中で明らかになる．

H.1　端度器の校正

この事例では，見掛け上単純な測定でも不確かさの評価の繊細な側面を伴うことがあることを説明する．

H.1.1 測定の課題

公称 50 mm の端度器の長さを，同じ公称値をもつ既知の標準器と比較して決定する．これらの二つの端度器の比較における直接の出力は，それらの長さの差 d とする．すなわち，

$$d = l(1+\alpha\theta) - l_s(1+\alpha_s\theta_s) \quad\cdots\cdots\cdots\cdots\cdots\cdots\cdots (\text{H.1})$$

である．

ここに，

l：測定対象量，すなわち被校正端度器の 20℃ における長さ

l_s：校正証明書に記載の 20℃ における標準器の長さ

α 及び α_s：被校正端度器及び標準器のそれぞれの熱膨張係数

θ 及び θ_s：被校正端度器及び標準器のそれぞれの温度の基準温度 20℃ からの偏差

H.1.2 数学的モデル

式 (H.1) から，測定対象量を次の式によって算出する．

$$l = \frac{l_s(1+\alpha_s\theta_s)+d}{(1+\alpha\theta)} = l_s + d + l_s(\alpha_s\theta_s - \alpha\theta) + \quad\cdots\cdots\cdots\cdots (\text{H.2})$$

被校正端度器と標準器との間の温度差を $\delta\theta = \theta - \theta_s$，熱膨張係数の差を $\delta\alpha = \alpha - \alpha_s$ で表すと，式 (H.2) は次のようになる．

$$l = f(l_s, d, \alpha_s, \theta, \delta\alpha, \delta\theta) = l_s + d - l_s(\delta\alpha\cdot\theta + \alpha_s\cdot\delta\theta) \quad\cdots (\text{H.3})$$

差 $\delta\theta$ 及び $\delta\alpha$ はゼロと推定されるが，それらの不確かさはゼロではない．また，$\delta\alpha$，α_s，$\delta\theta$ 及び θ には相関がないと仮定する（測定対象量を変数 θ，θ_s，α 及び α_s によって表す場合，θ 及び θ_s 並びに α 及び α_s のそれぞれの間の相関を含める必要がある．）．

こうして，式 (H.3) から，測定対象量 l の値の推定値は $l_s + \overline{d}$ という簡単な式から算出できる．ここで，l_s は校正証明書に記載されている 20℃ における標準器の長さであり，d は $n=5$ の独立な繰返し観測の相加平均 $\overline{d}$ によって推定する長さである．l の合成標準不確かさ $u_c(l)$ は **5.1.2** の式 (10) を式 (H.3) に

144　TS Z 0033:2012 (ISO/IEC Guide 98-3:2008)

適用して，次に示すように求める.

　　注記　この事例及び他の事例では，表記の簡略化のため，量とその推定値
　　　　　に対し同じ記号を用いる.

H.1.3　寄与する分散

　H.1.3 及び **H.1.4** で議論するこの事例の関連項目を，**表 H.1** に示す.

　$\delta\alpha = 0$ 及び $\delta\theta = 0$ と仮定したことから，**5.1.2** の式(10)を式(H.3)に適用すると次の式を得る.

$$u_c{}^2(l) = c_s{}^2 u^2(l_s) + c_d{}^2 u^2(d) + c_{\alpha s}{}^2 u^2(\alpha_s) + c_\theta{}^2 u^2(\theta)$$
$$+ c_{\delta\alpha}{}^2 u^2(\delta\alpha) + c_{\delta\theta}{}^2 u^2(\delta\theta) \qquad \cdots \text{ (H.4)}$$

ここに，

$$c_s = \partial f / \partial l_s = 1 - (\delta\alpha \cdot \theta + \alpha_s \cdot \delta\theta) = 1$$
$$c_d = \partial f / \partial d = 1$$
$$c_{\alpha s} = \partial f / \partial \alpha_s = -l_s \delta\theta = 0$$
$$c_\theta = \partial f / \partial \theta = -l_s \delta\alpha = 0$$
$$c_{\delta\alpha} = \partial f / \partial \delta\alpha = -l_s \theta$$
$$c_{\delta\theta} = \partial f / \partial \delta\theta = -l_s \alpha_s$$

したがって，

$$u_c{}^2(l) = u^2(l_s) + u^2(d) + l_s{}^2 \theta^2 u^2(\delta\alpha) + l_s{}^2 \alpha_s{}^2 u^2(\delta\theta) \cdots\cdots \text{ (H.5)}$$

H.1.3.1　標準器の校正の不確かさ，$u(l_s)$

　校正証明書に，標準器の拡張不確かさは $U = 0.075\ \mu\text{m}$ であり，$k = 3$ の包含係数を用いて求めたと表記しているとする．このとき，標準不確かさは次の値となる.

$$u(l_s) = (0.075\ \mu m)/3 = 25\ \text{nm}$$

H.1.3.2　測定される長さの差の不確かさ，$u(d)$

　l と l_s との比較を特徴付けるプールした実験標準偏差は，二つの標準端度器の長さの差の 25 回の独立な繰返し観測の変動によって決定し，13 nm であるとする．この事例の比較では，5 回の繰返し観測を行ったので，これらの読みの相加平均の標準不確かさは（**4.2.4** 参照），

$$u(\overline{d}) = s(\overline{d}) = (13\,\text{nm})/\sqrt{5} = 5.8\,\text{nm}$$

となる. l と l_s との比較に用いた比較器の校正証明書によると, "偶然誤差による" その不確かさは 95 パーセント信頼の水準で $\pm0.01\,\mu\text{m}$ であり, それは 6 回の反復測定に基づいているとする. このとき, 標準不確かさは, $\nu = 6-1 = 5$ の自由度 (**表 G.2** 参照) に対する t 値 $t_{95}(5) = 2.57$ を用いて,

$$u(d_1) = (0.01\,\mu\text{m})/2.57 = 3.9\,\text{nm}$$

となる. "系統誤差による" 比較器の不確かさは, 成績書に "3 シグマ水準" で $0.02\,\mu\text{m}$ と記載してあるとする. このとき, この原因による標準不確かさは,

$$u(d_2) = (0.02\,\mu\text{m})/3 = 6.7\,\text{nm}$$

となる. 全体の寄与は推定分散の和から次のように算出する. すなわち,

$$u^2(d) = u^2(\overline{d}) + u^2(d_1) + u^2(d_2) = 93\,\text{nm}^2$$

又は

$$u(d) = 9.7\,\text{nm}$$

である.

H.1.3.3　熱膨張係数の不確かさ, $u(\alpha_s)$

標準端度器の熱膨張係数は $\alpha_s = 11.5\times10^{-6}\,℃^{-1}$ で, $\pm2\times10^{-6}\,℃^{-1}$ の限界をもつ一様分布に従い, その分布によって特徴付けられる不確かさをもつとする. そのときの標準不確かさは次のようになる [**4.3.7** の式 (7) 参照].

$$u(\alpha_s) = \left(2\times10^{-6}\,℃^{-1}\right)/\sqrt{3} = 1.2\times10^{-6}\,℃^{-1}$$

H.1.3 で示したように, $c_{\alpha_s} = \partial f/\partial \alpha_s = -l_s \delta\theta = 0$ であるから, この不確かさは, 1 次のオーダでは l の不確かさに何の寄与もしない. しかし, **H.1.7** で述べる 2 次のオーダの寄与がある.

表 H.1－標準不確かさ成分のまとめ

標準不確かさ成分 $u(x_i)$	不確かさの要因	標準不確かさの値 $u(x_i)$		$c_i \equiv \partial f/\partial x_i$	$u_i(l) \equiv \lvert c_i \rvert u(x_i)$ (nm)	自由度
$u(l_\mathrm{s})$	標準端度器の校正	25 mm		1	25	18
$u(d)$	端度器間の測定差	9.7 nm		1	9.7	25.6
$u(\bar{d})$	繰返し性		5.8 nm			24
$u(d_1)$	比較器の偶然効果		3.9 nm			5
$u(d_2)$	比較器の系統効果		6.7 nm			8
$u(\alpha_\mathrm{s})$	標準端度器の熱膨張係数	$1.2 \times 10^{-6}\,℃^{-1}$		0	0	
$u(\theta)$	試験台の温度	0.41℃		0	0	
	台の平均温度	0.2℃				
$u(\Delta)$	室温の周期変動	0.35℃				
$u(\delta\alpha)$	端度器の熱膨張係数の差	$0.58 \times 10^{-6}\,℃^{-1}$		$-l_\mathrm{s}\theta$	2.9	50
$u(\delta\theta)$	端度器の温度差	0.029℃		$-l_\mathrm{s}\alpha_\mathrm{s}$	16.6	2

$$u_c{}^2(l) = \sum u_i{}^2(l) = 1\,002\ \mathrm{nm}^2$$
$$u_c(l) = 32\ \mathrm{nm}$$
$$\nu_{\mathit{eff}}(l) = 16$$

H.1.3.4 端度器の温度の偏差の不確かさ, $u(\theta)$

試験台の温度は(19.9 ± 0.5)℃と報告にあるが, 個々の観測時の温度は記録していないとする. 表示上の最大かたより$\Delta = 0.5$℃は, 温度調節システムの下でほぼ周期的変動をする温度の振幅を表すとすると, これは平均温度の不確かさではない. 平均温度の偏差の値,

$$\overline{\theta} = 19.9℃ - 20℃ = -0.1℃$$

は, 試験台の平均温度の不確かさ,

$$u(\overline{\theta}) = 0.2℃$$

による標準不確かさを既に含むと報告にあるとする. 一方, 時間に対する周期変動は U 字形 [逆正弦$(\sin^{-1})$] の温度分布を生じ, 次の標準不確かさをもたらす.

$$u(\Delta) = (0.5℃)/\sqrt{2} = 0.35℃$$

温度偏差 θ は θ に等しいとしてよく, θ の標準不確かさは次のようになる.

$$u^2(\theta) = u^2(\overline{\theta}) + u^2(\Delta) = 0.165℃^2$$

$$u(\theta) = 0.41℃$$

H.1.3 で示したように, $c_\theta = \partial f/\partial \theta = -l_s \delta\alpha = 0$であるから, この不確かさも1 次のオーダでは l の不確かさに何の寄与もしない. しかし, **H.1.7** に述べる2 次のオーダの寄与がある.

H.1.3.5 熱膨張係数の差の不確かさ, $u(\delta\alpha)$

$\delta\alpha$ の変動の推定限界は$\pm 1 \times 10^{-6}$℃$^{-1}$で, $\delta\alpha$ がこれらの限界内の任意の値をとる確率は等しいとする. 標準不確かさは,

$$u(\delta\alpha) = (1 \times 10^{-6}℃^{-1})/\sqrt{3} = 0.58 \times 10^{-6}℃^{-1}$$

である.

H.1.3.6 両端度器の温度差の不確かさ, $u(\delta\theta)$

標準及び試験端度器の温度は同じであると期待できるが, その温度差は-0.05℃から$+0.05$℃の推定区間内の任意の点に等しい確率で存在すると考える. 標準不確かさは,

$$u(\delta\theta) = (0.05℃)/\sqrt{3} = 0.029℃$$

となる.

H.1.4 合成標準不確かさ

合成標準不確かさ $u_c(l)$ は式(H.5)によって算出する. 上記の個々の項を，この式に代入すると，次の式を得る.

$$
\begin{aligned}
u_c{}^2(l) =\ & (25\ \text{nm})^2 + (9.7\ \text{nm})^2 \\
& + (0.05\ \text{m})^2 (-0.1\,℃)^2 (0.58 \times 10^{-6}\,℃^{-1})^2 \\
& + (0.05\ \text{m})^2 (11.5 \times 10^{-6}\,℃^{-1})^2 (0.029\,℃)^2 \quad \cdots\cdots \text{(H.6a)} \\
=\ & (25\ \text{nm})^2 + (9.7\ \text{nm})^2 + (2.9\ \text{nm})^2 + (16.6\ \text{nm})^2 \\
=\ & 1\,002\ \text{nm}^2 \quad \cdots\cdots\cdots\cdots\cdots\cdots\cdots\cdots\cdots\cdots\cdots\cdots\cdots \text{(H.6b)}
\end{aligned}
$$

又は

$$
u_c(l) = 32\ \text{nm} \quad \cdots\cdots\cdots\cdots\cdots\cdots\cdots\cdots\cdots\cdots\cdots\cdots\cdots \text{(H.6c)}
$$

不確かさの支配的な成分は，明らかに標準器の不確かさ $u(l_s) = 25\ \text{nm}$ である.

H.1.5 最終結果

標準端度器の校正証明書には，20℃におけるその長さが $l_s = 50.000\ 623$ mm と記してあるとする. 未知の端度器と標準器との間の長さの差の5回の繰返し観測の相加平均 $\overline{d}$ は 215 nm である. したがって，$l = l_s + \overline{d}$ であるから (**H.1.2** 参照)，未知の端度器の 20℃における長さ l は 50.000 838 mm である. **7.2.2** に従い，測定の最終結果を次のように表す.

$l = 50.000\ 838$ mm，ただし，合成標準不確かさ $u_c = 32$ nm. 対応する相対合成標準不確かさは $u_c/l = 6.4 \times 10^{-7}$ である.

H.1.6 拡張不確かさ

約99パーセントの信頼の水準をもつ区間を与える拡張不確かさ $U_{99} = k_{99}u_c(l)$ を求める必要があるとする. 用いる手順は **G.6.4** に要約したものであり，必要となる自由度を**表 H.1** に示す. これらは次のように算出する.

1) 標準器の校正の不確かさ，$u(l_s)$ [**H.1.3.1**]

引用した拡張不確かさを求めるために使用した合成標準不確かさの有効自由度は $\nu_{\text{eff}}(l_s) = 18$ と校正証明書に記してあるとする.

2) 測定された長さの差の不確かさ，$u(d)$ [**H.1.3.2**]

$\overline{d}$ は 5 回の繰返し観測から求めたが，$u(\overline{d})$ は 25 回の観測に基づくプールさ
れた実験標準偏差から得たため，$u(\overline{d})$ の自由度は $\nu(d) = 25 - 1 = 24$ である
（**H.3.6** の**注記**参照）．また，d_1 は 6 回の繰返し測定から求めたことから，比較
器の偶然効果による不確かさ $u(d_1)$ の自由度は，$\nu(d_1) = 6 - 1 = 5$ である．比
較器の系統効果に対する $\pm 0.02\ \mu m$ の不確かさは 25 パーセントで信頼できる
と仮定してよく，したがって，**G.4.2** の式（G.3）から自由度は $\nu(d_2) = 8$ となる
（**G.4.2** の**例**参照）．$u(d)$ の有効自由度 $\nu_{eff}(d)$ は，**G.4.1** の式（G.2b）から次のよ
うに算出する．

$$\nu_{eff}(d) = \frac{\left[u^2(\overline{d}) + u^2(d_1) + u^2(d_2)\right]^2}{\dfrac{u^4(\overline{d})}{\nu(\overline{d})} + \dfrac{u^4(d_1)}{\nu(d_1)} + \dfrac{u^4(d_2)}{\nu(d_2)}}$$

$$= \frac{(9.7\ \text{nm})^4}{\dfrac{(5.8\ \text{nm})^4}{24} + \dfrac{(3.9\ \text{nm})^4}{5} + \dfrac{(6.7\ \text{nm})^4}{8}} = 25.6$$

3) 熱膨張係数の差の不確かさ，$u(\delta\alpha)$ ［**H.1.3.5**］

  $\delta\alpha$ の変動に関する $\pm 1 \times 10^{-6}\,℃^{-1}$ の推定境界は 10 パーセントで信頼で
  きるとみなす．このことによって，**G.4.2** の式（G.3）から，$\nu(\delta\alpha) = 50$ を
  得る．

4) 両端度器の温度差の不確かさ，$u(\delta\theta)$ ［**H.1.3.6**］

  温度差に対する $-0.05℃$ から $+0.05℃$ の推定区間はせいぜい 50 パーセン
  トで信頼できるとする．したがって，**G.4.2** の式（G.3）から $\nu(\delta\theta) = 2$ を得る．

G.4.1 の式（G.2b）から $\nu_{eff}(l)$ を求める計算は，上記の **2)** の $\nu_{eff}(d)$ の計算と
全く同じように進める．したがって，式（H.6b）と式（H.6c）及び **1)** ～ **4)** で求
めた ν の値から，

$$\nu_{eff}(l) = \frac{(32\ \text{nm})^4}{\dfrac{(25\ \text{nm})^4}{18} + \dfrac{(9.7\ \text{nm})^4}{25.6} + \dfrac{(2.9\ \text{nm})^4}{50} + \dfrac{(16.6\ \text{nm})^4}{2}}$$

$$= 16.7$$

を得る．所要の拡張不確かさを求めるには，まずこの値を最も近い小さい整数，$\nu_{\text{eff}}(l)=16$ に切り捨てる．次いで，**表 G.2** から $t_{99}(16)=2.92$ を求め，したがって，$U_{99}=t_{99}(16)u_\text{c}(l)=2.92\times(32\,\text{nm})=93\,\text{nm}$ となる．**7.2.4** に従い，測定の最終結果を次のように示す．

$l=(50.000\,838\pm0.000\,093)\,\text{mm}$，ここに，記号±に続く数は，拡張不確かさ $U=ku_\text{c}$ の数値である．U は合成標準不確かさ $u_\text{c}=32\,\text{nm}$ と $\nu=16$ の自由度に対する t 分布に基づく包含係数 $k=2.92$ とから決定されたもので，99 パーセントの信頼の水準をもつと推定される区間を定めている．対応する相対拡張不確かさは $U/l=1.9\times10^{-6}$ である．

H.1.7　2 次項

5.1.2 の注記において，関数 $Y=f(X_1,\,X_2,\,\cdots,\,X_N)$ の非線形性が大きくテイラー級数展開における高次の項を無視できないときは，この事例のように合成標準不確かさ $u_\text{c}(l)$ を求めるのに用いた式(10)を拡張しなければならないことを指摘している．この端度器の事例はこのような場合である．そのため，この点まで考慮すると，$u_\text{c}(l)$ の評価は完全ではない．式(H.3)に **5.1.2** の**注記**の式を適用すると，明らかに無視できない二つの 2 次の項を式(H.5)に加えなければならないことが分かる．これらの項は，**注記**の式の 2 次のオーダの項から生じ，次のとおりである．

$$l_\text{s}^2 u^2(\delta\alpha)u^2(\theta)+l_\text{s}^2 u^2(\alpha_\text{s})u^2(\delta\theta)$$

しかし，これらの項の第 1 項だけが $u_\text{c}(l)$ に大きく寄与する．すなわち，

$$l_\text{s}u(\delta\alpha)u(\theta)=(0.05\,\text{m})(0.58\times10^{-6}\,\text{℃}^{-1})(0.41\,\text{℃})=11.7\,\text{nm}$$

$$l_\text{s}u(\alpha_\text{s})u(\delta\theta)=(0.05\,\text{m})(1.2\times10^{-6}\,\text{℃}^{-1})(0.029\,\text{℃})=1.7\,\text{nm}$$

2 次の項によって $u_\text{c}(l)$ は 32 nm から 34 nm に増加する．

H.2　抵抗とリアクタンスの同時測定

この事例では，同一の測定において同時に決定する複数の測定対象量又は出力量の取扱いと，それらの推定値の相関の扱いについて説明する．ここでは，観測の偶然変動だけを考慮する．実際の例では，系統効果に対する補正の不確

附　属　書　H　　　　151

かさも測定結果の不確かさに寄与するであろう．ここでは，二つの方法を用い
てこの事例のデータを解析するが，本質的にはそれぞれ同じ数値を得る．

H.2.1　測定の課題

　ある回路素子の抵抗 R 及びリアクタンス X を，その両端子間の正弦交流電
位差の振幅 V，それを流れる交流電流の振幅 I，及び交流電流に対する交流電
位差の位相差角 ϕ を測定することによって決定する．この場合，三つの入力
量は V，I 及び ϕ で，三つの出力量―測定対象量―は三つのインピーダンス成
分 R，X 及び Z である．$Z^2 = R^2 + X^2$ の関係から，独立な出力量は二つだけで
ある．

H.2.2　数学的モデルとデータ

　測定対象量を，オームの法則から，入力量と次のように関係付ける．

$$R = \frac{V}{I}\cos\phi, \quad X = \frac{V}{I}\sin\phi, \quad Z = \frac{V}{I} \quad\cdots\cdots\cdots\cdots\text{(H.7)}$$

三つの入力量 V, I 及び ϕ の独立な５組の同時観測値を同じような条件（**B.2.15**
参照）の下で，**表 H.2** に示すデータのように求めたとする．観測値の相加平
均及び **4.2** の式(3)と式(5)とから計算される平均値の実験標準偏差も同表に示
す．平均値は入力量の期待値の最良推定値と考えられ，また実験標準偏差は平
均値の標準不確かさである．

　同時観測値から平均値 $\overline{V}$，$\overline{I}$ 及び $\overline{\phi}$ を求めるため，それらは相関関係をも
ち，それらの相関を測定対象量 R，X 及び Z の標準不確かさの評価の際に考慮
しなければならない．**5.2.3** の式(17)から計算する $s(\overline{V}, \overline{I})$，$s(\overline{V}, \overline{\phi})$ 及び
$s(\overline{I}, \overline{\phi})$ の値を用いて，**5.2.2** の式(14)から必要な相関係数を容易に求めるこ
とができる．その結果を **表 H.2** に示す．また，$r(x_i, x_j) = r(x_j, x_i)$，及び
$r(x_i, x_i) = 1$ であることに留意する．

152 TS Z 0033:2012 (ISO/IEC Guide 98-3:2008)

表 H.2－5 組の同時観測から求められた入力量 V, I 及び ϕ の値

組番号 k	入力量		
	V (V)	I (mA)	ϕ (rad)
1	5.007	19.663	1.045 6
2	4.994	19.639	1.043 8
3	5.005	19.640	1.046 8
4	4.990	19.685	1.042 8
5	4.999	19.678	1.043 3
相加平均	$\overline{V} = 4.999\ 0$	$\overline{I} = 19.661\ 0$	$\overline{\phi} = 1.044\ 46$
平均の実験標準偏差	$s(\overline{V}) = 0.003\ 2$	$s(\overline{I}) = 0.009\ 5$	$s(\overline{\phi}) = 0.000\ 75$
相関係数			
$r(\overline{V},\ \overline{I}) = -0.36$ $r(\overline{V},\ \overline{\phi}) = 0.86$ $r(\overline{I},\ \overline{\phi}) = -0.65$			

H.2.3 結果：方法 1

方法 1 を**表 H.3** に示す.

三つの測定対象量 R, X 及び Z の値は，式(H.7)の関係から，V, I 及び ϕ に対する**表 H.2** の平均値 $\overline{V}$, $\overline{I}$ 及び $\overline{\phi}$ を用いて求める. R, X 及び Z の標準不確かさは，先に述べたように，入力量 $\overline{V}$, $\overline{I}$ 及び $\overline{\phi}$ に相関があるため，**5.2.2** の式(16)から求める. 一例として，$Z = \overline{V}/\overline{I}$ を考える. $\overline{V}$ を x_1, $\overline{I}$ を x_2, そして f を $Z = \overline{V}/\overline{I}$ として当てはめ，**5.2.2** の式(16)によって Z の合成標準不確かさを次のように算出する.

$$u_c^2(Z) = \left(\frac{1}{\overline{I}}\right)^2 u^2(\overline{V}) + \left(\frac{\overline{V}}{\overline{I}^2}\right)^2 u^2(\overline{I})$$

$$+ 2\left(\frac{1}{\overline{I}}\right)\left(-\frac{\overline{V}}{\overline{I}^2}\right) u(\overline{V}) u(\overline{I}) r(\overline{V},\ \overline{I}) \quad\cdots\cdots\cdots\text{(H.8a)}$$

$$= Z^2 \left[\frac{u(\overline{V})}{\overline{V}}\right]^2 + Z^2 \left[\frac{u(\overline{I})}{\overline{I}}\right]^2$$

$$-2Z^2\left[\frac{u(\overline{V})}{\overline{V}}\right]\left[\frac{u(\overline{I})}{\overline{I}}\right]r(\overline{V},\ \overline{I}) \quad\cdots\cdots\cdots\cdots\cdots \text{(H.8b)}$$

又は

$$u_{c,r}^{2}(\overline{Z})=u_r^{2}(\overline{V})+u_r^{2}(\overline{I})-2u_r(\overline{V})u_r(\overline{I})r(\overline{V},\ \overline{I})\quad\cdots\text{(H.8c)}$$

ここに，$u(\overline{V})=s(\overline{V})$，$u(\overline{I})=s(\overline{I})$であり，式(H.8c)の中の添字 "r" は u が相対不確かさであることを示す．**表 H.2** からの適切な値を式(H.8a)に代入すれば，$u_c(Z)=0.236\,\Omega$ を得る．

三つの測定対象量すなわち出力量は同じ入力量に依存することから，それらもまた相関関係をもつ．この相関を記述する共分散の要素を一般に次のように表す．

$$u(y_l,\ y_m)=\sum_{i=1}^{N}\sum_{j=1}^{N}\frac{\partial y_l}{\partial x_i}\frac{\partial y_m}{\partial x_j}u(x_i)u(x_j)r(x_i,\ x_j)\quad\cdots\cdots\text{(H.9)}$$

ここに，$y_l=f_l(x_1,\ x_2,\ \cdots,\ x_N)$ 及び $y_m=f_m(x_1,\ x_2,\ \cdots,\ x_N)$である．式(H.9)は，$q_l$ に相関がある場合の **F.1.2.3** の式(F.2)の一般化である．**5.2.2** の式(14)で示したように，$r(y_l,\ y_m)=u(y_l,\ y_m)/u(y_l)u(y_m)$ によって出力量の推定相関係数を得る．共分散行列の対角要素 $u(y_l,\ y_l)\equiv u^2(y_l)$ は出力量 y_l の推定分散であり（**5.2.2** の**注記 2** 参照），また $m=l$ に対し，式(H.9)は **5.2.2** の式(16)に同等である．

式(H.9)をこの事例に適用するために，次の置換えをする．

$$y_1=R \qquad x_1=\overline{V} \qquad u(x_i)=s(x_i)$$
$$y_2=X \qquad x_2=\overline{I} \qquad N=3$$
$$y_3=Z \qquad x_3=\overline{\phi}$$

R，X 及び Z の計算の結果並びにそれらの推定分散及び相関係数を**表 H.3** に示す．

154   TS Z 0033:2012（ISO/IEC Guide 98-3:2008）

表 H.3−出力量 R, X 及び Z の計算値：方法 1

測定対象量の指標 l	測定対象量の推定値 y_l と入力推定値 x_i との間の関係	測定の結果である推定値 y_l の値	測定の結果の合成標準不確かさ $u_c(y_l)$
1	$y_1 = R = (\overline{V}/\overline{I})\cos\phi$	$y_1 = R = 127.732\ \Omega$	$u_c(R) = 0.071\ \Omega$ $u_c(R)/R = 0.06 \times 10^{-2}$
2	$y_2 = X = (\overline{V}/\overline{I})\sin\phi$	$y_2 = X = 219.847\ \Omega$	$u_c(X) = 0.295\ \Omega$ $u_c(X)/X = 0.13 \times 10^{-2}$
3	$y_3 = Z = (\overline{V}/\overline{I})$	$y_3 = Z = 254.260\ \Omega$	$u_c(Z) = 0.236\ \Omega$ $u_c(Z)/Z = 0.09 \times 10^{-2}$
相関係数 $r(y_l,\ y_m)$			
$r(y_1,\ y_2) = r(R,\ X) = -0.588$ $r(y_1,\ y_3) = r(R,\ Z) = -0.485$ $r(y_2,\ y_3) = r(X,\ Z) =\ \ \ 0.993$			

H.2.4　結果：方法 2

方法 2 を**表 H.4** に示す．

データは三つの入力量 V, I 及び ϕ の 5 組の観測値として求めたので，入力データの各組から R, X 及び Z の値を計算し，5 個の出力量の値の相加平均をとって，R, X 及び Z の最良推定値を求めることが可能である．平均値の実験標準偏差（それは合成標準不確かさである．）を 5 個の個々の値から通常の方法で計算する〔**4.2.3** の式(5)〕．三つの平均値の推定分散を，平均を求めた 5 個の個々の値に **5.2.3** の式(17)を直接適用して計算する．これらの二つの方法によって得る出力量，標準不確かさ及び推定共分散には，$\overline{V}/\overline{I}$，$\cos\overline{\phi}$ の項を，$\overline{V}/\overline{I}$，$\cos\overline{\phi}$ とするような置換えに伴う 2 次のオーダの効果を除いて，差は生じない．

この方法を説明するために，**表 H.4** に 5 組の観測値の各々から計算した R, X 及び Z の値を示す．相加平均，標準不確かさ及び推定相関係数をこれらの個々の値から直接計算した．この方法で得た数値結果は，**表 H.3** に示した結果と比べて無視してよい程度の違いである．

附 属 書 H　　　　155

4.1.4 の注記によれば，方法 2 は推定値 y を $\overline{Y} = \left(\sum_{k=1}^{n} Y_k\right)/n$ から求める例であり，一方，方法 1 は y を $y = f(\overline{X}_1,\ \overline{X}_2,\ \cdots,\ \overline{X}_N)$ から求める例である．その注記で述べたように，f がその入力量の線形関数である場合（方法 1 を実行するとき，実験的に観測した相関係数を考慮に入れるならば），一般に二つの方法は，同等の結果を与える．

表 H.4 － 出力量 R，X 及び Z の計算値：方法 2

組番号	測定対象量の個々の値		
k	$R = (V/I)\cos\phi\ (\Omega)$	$X = (V/I)\sin\phi\ (\Omega)$	$Z = (V/I)\ (\Omega)$
1	127.67	220.32	254.64
2	127.89	219.79	254.29
3	127.51	220.64	254.84
4	127.71	218.97	253.49
5	127.88	219.51	254.04
相加平均	$y_1 = \overline{R} = 127.732$	$y_2 = \overline{X} = 219.847$	$y_3 = \overline{Z} = 254.260$
平均の実験標準偏差	$s(\overline{R}) = 0.071$	$s(\overline{X}) = 0.295$	$s(\overline{Z}) = 0.236$
相関係数 $r(y_l,\ y_m)$			
$r(y_1,\ y_2) = r(\overline{R},\ \overline{X}) = -0.588$			
$r(y_1,\ y_3) = r(\overline{R},\ \overline{Z}) = -0.485$			
$r(y_2,\ y_3) = r(\overline{X},\ \overline{Z}) = -0.993$			

f が線形関数でなければ，非線形性の程度と X_i の推定分散と共分散に依存して，方法 1 の結果は，方法 2 のそれとは異なってくる．このことは次の式から明らかである．

$$y = f(\overline{X}_1,\ \overline{X}_2,\ \cdots,\ \overline{X}_N)$$
$$+ \frac{1}{2}\sum_{i=1}^{N}\sum_{j=1}^{N}\frac{\partial^2 f}{\partial \overline{X}_i\partial \overline{X}_j}\,u(\overline{X}_i,\ \overline{X}_j) + \cdots \quad\cdots\cdots\cdots\cdots \text{(H.10)}$$

ここに，右辺の第 2 項は f を $\overline{X}_i$ の項でテイラー級数展開したときの第 2 次の項である（**5.1.2** の注記参照）．この例の場合には，$y = f(\overline{X}_1,\ \overline{X}_2,\ \cdots,\ \overline{X}_N)$ とする近似を避け，また用いた測定の手順（データを実際に組ごとに取る．）をよりよく反映しているため，方法 2 が好ましい．

156   TS Z 0033:2012（ISO/IEC Guide 98-3:2008）

一方で，**表 H.2** のデータがまず電位差 V の $n_1 = 5$ の観測値を，続いて電流 I の $n_2 = 5$ の観測値を，更に続いて位相 ϕ の $n_3 = 5$ の観測値を順次取ったデータである場合，方法 2 は不適切である．また，$n_1 \neq n_2 \neq n_3$ である場合，実行不可能であろう（事実，固定インピーダンスの両端の電位差とそれを流れる電流は直接に関連しているため，このような手順で測定を行うことはよくない.).

表 **H.5**－表 **H.2** の相関係数をゼロとしたときの表 **H.3** の変更

測定の結果の合成標準不確かさ $u_c(y_l)$
$u_c(R) = 0.195\ \Omega$ $u_c(R)/R = 0.15 \times 10^{-2}$
$u_c(X) = 0.201\ \Omega$ $u_c(X)/X = 0.09 \times 10^{-2}$
$u_c(Z) = 0.204\ \Omega$ $u_c(Z)/Z = 0.08 \times 10^{-2}$
相関係数 $r(y_l,\ y_m)$
$r(y_1,\ y_2) = r(R,\ X) = 0.056$ $r(y_1,\ y_3) = r(R,\ Z) = 0.527$ $r(y_2,\ y_3) = r(X,\ Z) = 0.878$

方法 2 が不適切であるような手順で**表 H.2** のデータが取られたと解釈し直し，また量 V，I 及び ϕ の間の相関がないと仮定すれば，観測する相関係数は小さく，ゼロに等しいとしてよい．**表 H.2** でこれを行えば，式(H.9)は **F.1.2.3** の式(F.2)と等価になる．すなわち，

$$u(y_l,\ y_m) = \sum_{i=1}^{N} \frac{\partial y_l}{\partial x_i} \frac{\partial y_m}{\partial x_i} u^2(x_i) \quad\cdots\cdots\cdots\cdots\cdots\cdots\quad \text{(H.11)}$$

表 H.2 のデータに上式を適用すると，**表 H.3** は**表 H.5** に示すように修正される.

H.3 温度計の校正

この事例では，最小二乗法を用いた校正線の求め方を説明する．また，この線から補正の予測値及びその標準不確かさを求めるために，当てはめのパラメータ，すなわち切片及び勾配，これらの推定分散及び共分散をどのように用いるかについて説明する．

H.3.1 測定における課題

ある温度計に対し，21℃から27℃までの温度範囲において，無視できる不確かさをもつ $n = 11$ の温度の読み値 t_k と対応する既知の基準温度 $t_{R,k}$ とを比較することによって，読みに対する補正 $b_k = t_{R,k} - t_k$ を求めるための校正を行うものとする．測定した補正値 b_k 及び測定した温度 t_k が評価の入力量である．最小二乗法を用いて，1次校正線

$$b(t) = y_1 + y_2(t - t_0) \cdots\cdots\cdots\cdots\cdots\cdots\cdots\cdots\cdots\cdots\cdots\cdots\cdots\cdots \quad (\text{H.12})$$

を，測定した補正値及び温度に当てはめる．それぞれ校正線の切片と勾配であるパラメータ y_1 及び y_2 が，決定すべき二つの測定対象量又は出力量である．温度 t_0 は適切に選ばれた正確な基準温度であり，最小二乗法による当てはめによって決まる独立なパラメータではない．それらの推定分散及び共分散とともに y_1 及び y_2 を一度求めれば，式(H.12)を用いて，任意の温度 t において温度計に加えるべき補正値及びその標準不確かさを予測するのに用いることができる．

H.3.2 最小二乗法による当てはめ

最小二乗法に基づき，上記の **H.3.1** の仮定の下で，次の和を最小にすることによって出力量 y_1 及び y_2 並びにそれらの推定分散及び共分散を求める．

$$S = \sum_{k=1}^{n} [b_k - y_1 - y_2(t_k - t_0)]^2$$

これから，y_1 及び y_2，並びにそれらの実験分散 $s^2(y_1)$，$s^2(y_2)$ 及び推定相関係数 $r(y_1, y_2) = s(y_1, y_2)/s(y_1)s(y_2)$ に対する次の式を得る．ここに，$s(y_1, y_2)$ は推定共分散である．

$$y_1 = \frac{(\sum b_k)(\sum \theta_k{}^2) - (\sum b_k \theta_k)(\sum \theta_k)}{D} \quad \cdots\cdots\cdots\cdots \text{(H.13a)}$$

$$y_2 = \frac{n \sum b_k \theta_k - (\sum b_k)(\sum \theta_k)}{D} \quad \cdots\cdots\cdots\cdots\cdots\cdots \text{(H.13b)}$$

$$s^2(y_1) = \frac{s^2 \sum \theta_k{}^2}{D} \quad \cdots\cdots\cdots\cdots\cdots\cdots\cdots\cdots\cdots\cdots \text{(H.13c)}$$

$$s^2(y_2) = n \frac{s^2}{D} \quad \cdots\cdots\cdots\cdots\cdots\cdots\cdots\cdots\cdots\cdots\cdots\cdots \text{(H.13d)}$$

$$r(y_1, \ y_2) = -\frac{\sum \theta_k}{\sqrt{n \sum \theta_k{}^2}} \quad \cdots\cdots\cdots\cdots\cdots\cdots \text{(H.13e)}$$

$$s^2 = \frac{\sum [b_k - b(t_k)]^2}{n-2} \quad \cdots\cdots\cdots\cdots\cdots\cdots\cdots \text{(H.13f)}$$

$$D = n \sum \theta_k{}^2 - (\sum \theta_k)^2 = n \sum (\theta_k - \overline{\theta})^2$$
$$= n \sum (t_k - \overline{t})^2 \quad \cdots\cdots\cdots\cdots\cdots\cdots\cdots\cdots \text{(H.13g)}$$

上式で，和は全て $k=1$ から n までとり，$\theta_k = t_k - t_0$，$\overline{\theta} = (\sum \theta_k)/n$ 及び $\overline{t} = (\sum t_k)/n$ である．$[b_k - b(t_k)]$ は，温度 t_k における測定された補正値すなわち観測補正値 b_k，当てはめられた線 $b(t) = y_1 + y_2(t - t_0)$ によって予測される t_k における補正値 $b(t_k)$ との差である．分散 s^2 は当てはめの総合不確かさの尺度であり，この式の因子 $(n-2)$ は，二つのパラメータ，y_1 と y_2，が n 個の観測値から決まるため，s^2 の自由度が $\nu = n-2$（**G.3.3** 参照）であることを示している．

H.3.3　結果の計算

当てはめに用いるデータを**表 H.6** の第 2 及び第 3 列に示す．$t_0 = 20$℃ を基準温度にとり，式(H.13a)から式(H.13g)を適用すると，次の値が得られる

$$y_1 = -0.171\,2\text{℃} \qquad\qquad s(y_1) = 0.0029\text{℃}$$
$$y_2 = 0.002\,18 \qquad\qquad s(y_2) = 0.000\,67$$
$$r(y_1, \ y_2) = -0.930 \qquad\qquad s = 0.003\,5\text{℃}$$

勾配 y_2 がその標準不確かさより 3 倍も大きいという事実は，ある一定の平均

附 属 書 H   159

的な値の補正ではなくて,校正線が必要であることを示している.

以上から,校正線は

$$b(t) = -0.171\ 2(29)℃ + 0.002\ 18(67)(t-20℃) \quad \cdots\cdots \quad (H.14)$$

と書き表される.ここに,括弧内の数値は,切片と勾配に対して表示されてい
る結果の対応する最終の2桁について表した標準不確かさの数値である(**7.2.2**
参照).この式は,任意の温度 t における補正の予測値 $b(t)$,特に $t = t_k$ における
値 $b(t_k)$ を示す.表の第4列にこれらの値を,また最終列に測定値と予測値との
差 $b_k - b(t_k)$ を示す.[訳注:(predicted value):通常推定値と呼ばれるが,推
定値の対応英語(estimated value)が別にあるため,ここでは予測値と訳した.]
この差の解析によって,線形モデルが正当かどうか確認することができる.こ
のための検定の公式が幾つかあるが(文献[8]参照),ここでは考慮しない.

表 **H.6**－最小二乗法から温度計の校正線を求めるためのデータ

読みの番号 k	温度計の読み t_k (℃)	補正の観測値 $b_k = t_{R,k} - t_k$ (℃)	補正の予測値 $b(t_k)$ (℃)	補正の観測値と予測値との差 $b_k - b(t_k)$ (℃)
1	21.521	-0.171	$-0.167\ 9$	$-0.003\ 1$
2	22.012	-0.169	$-0.166\ 8$	$-0.002\ 2$
3	22.512	-0.166	$-0.165\ 7$	$-0.000\ 3$
4	23.003	-0.159	$-0.164\ 6$	$+0.005\ 6$
5	23.507	-0.164	$-0.163\ 5$	$-0.000\ 5$
6	23.999	-0.165	$-0.162\ 5$	$-0.002\ 5$
7	24.513	-0.156	$-0.161\ 4$	$+0.005\ 4$
8	25.002	-0.157	$-0.160\ 3$	$+0.003\ 3$
9	25.503	-0.159	$-0.159\ 2$	$+0.000\ 2$
10	26.010	-0.161	$-0.158\ 1$	$-0.002\ 9$
11	26.511	-0.160	$-0.157\ 0$	$-0.003\ 0$

H.3.4 予測値の不確かさ

補正の予測値の合成標準不確かさに対する式は，不確かさの伝ぱ則を表した，**5.2.2** の式(16)を式(H.12)に適用して容易に求めることができる．$b(t) = f(y_1, y_2)$ に留意し，$u(y_1) = s(y_1)$，$u(y_2) = s(y_2)$ と書き直すと，次の式を得る．

$$u_c^2[b(t)] = u^2(y_1) + (t - t_0)^2 u^2(y_2)$$
$$+ 2(t - t_0)u(y_1)u(y_2)r(y_1, y_2) \quad \cdots\cdots\cdots\cdots \text{(H.15)}$$

推定分散 $u_c^2[b(t)]$ は，$t_{\min} = t_0 - u(y_1)r(y_1, y_2)/u(y_2)$ において，すなわち，この例の場合には，$t_{\min} = 24.008\,5℃$ において最小値をとる．

式(H.15)の使用例として，温度計を実際に校正した温度範囲を超える $t = 30℃$ における温度計の補正値とその不確かさを求める場合を考える．式(H.14)に $t = 30℃$ を代入すると，

$$b(30℃) = -0.149\,4℃$$

を得る．一方，式(H.15)は，

$$u_c^2[b(30℃)] = (0.002\,9℃)^2 + (10℃)^2(0.000\,67)^2$$
$$+ 2(10℃)(0.002\,9℃)(0.000\,67)(-0.930)$$
$$= 17.1 \times 10^{-6}℃^2$$

すなわち

$$u_c[b(30℃)] = 0.004\,1℃$$

となる．したがって，30℃における補正値は $-0.149\,4℃$ であり，その合成標準不確かさは $u_c = 0.004\,1℃$ で，u_c は $\nu = n - 2 = 9$ の自由度をもつ．

H.3.5 勾配と切片との間の相関の除去

相関係数 $r(y_1, y_2)$ に対する式(H.13e)は，t_0 を $\sum_{k=1}^{n} \theta_k = \sum_{k=1}^{n} (t_k - t_0) = 0$ となるように選ぶと，$r(y_1, y_2) = 0$ となり，y_1 と y_2 との間に相関がなくなるため，これを使って，補正の予測値の標準不確かさの計算を簡略化できることを意味している．$t_0 = \overline{t} = \left(\sum_{k=1}^{n} t_k \right)/n$ のとき，$\sum_{k=1}^{n} \theta_k = 0$ であり，この例の場合，$\overline{t} = 24.008\,5℃$ である．したがって，$t_0 = \overline{t} = 24.008\,5℃$ として最小二乗法の

当てはめをやり直すと，相関のないy_1及びy_2の値を導くであろう（温度$\overline{t}$は$u^2[b(t)]$が最小値となる温度でもある—**H.3.4**参照）．しかし，次の関係が成立するので，当てはめを繰り返す必要はない．

$$b(t) = y_1' + y_2(t - \overline{t}) \cdots\cdots\cdots\cdots\cdots\cdots\cdots\cdots \text{(H.16a)}$$

$$u_\mathrm{c}^2[b(t)] = u^2(y_1') + (t - \overline{t})^2 u^2(y_2) \cdots\cdots\cdots\cdots\cdots \text{(H.16b)}$$

$$r(y_1', y_2) = 0 \cdots\cdots\cdots\cdots\cdots\cdots\cdots\cdots\cdots \text{(H.16c)}$$

ここに，

$$y_1' = y_1 + y_2(\overline{t} - t_0)$$
$$\overline{t} = t_0 - s(y_1)r(y_1, y_2)/s(y_2)$$
$$s^2(y_1') = s^2(y_1)[1 - r^2(y_1, y_2)]$$

であり，式(H.16 b)を書き表す際に，$u(y_1') = s(y_1')$ 及び $u(y_2) = s(y_2)$ を代入した［式(H.15)参照］．

これらの関係を **H.3.3** で示した結果に適用すると，

$$b(t) = -0.162\,5(11) + 0.002\,18(67)(t - 24.008\,5℃) \cdots \text{(H.17a)}$$

$$u_\mathrm{c}^2[b(t)] = (0.001\,1)^2 + (t - 24.008\,5℃)^2(0.000\,67)^2 \cdots \text{(H.17b)}$$

を得る．これらの式が式(H.14)及び式(H.15)と同じ結果を与えることは$b(30℃)$と$u_\mathrm{c}[b(30℃)]$を再計算すれば確認できる．すなわち，式(H.17a)と式(H.17b)に$t = 30℃$を代入すると，

$$b(30℃) = -0.149\,4℃$$

$$u_\mathrm{c}[b(30℃)] = 0.004\,1℃$$

を得，これらの値は **H.3.4** で求めた結果と同じである．二つの補正の予測値$b(t_1)$と$b(t_2)$との間の推定共分散は，**H.2.3** の式(H.9)から求めることができる．

H.3.6　その他の考察

最小二乗法は高次の曲線をデータ点に当てはめるのに用いることができ，また個々のデータ点が不確かさをもつ場合にも適用できる．詳細については最小二乗法を扱っている標準的テキスト[8]を参照されたい．しかし，次の例で補正の測定値b_kが正確には知ることができない二つの場合を説明する．

1) 各t_kが無視できる不確かさをもち，一連のm回の繰返しの読みからn個

の$t_{\mathrm{R},k}$の値の各々を求めるとし，更に，数箇月にわたる大量のデータに基づいて得た，読みについてのプールした分散の推定値をs_p^2とする．そうすると，各$t_{\mathrm{R},k}$の推定分散は$s_\mathrm{p}^2/m = u_0^2$であり，補正の各観測値$b_k = t_{R,k} - t_k$はこれと同じ標準不確かさu_0をもつ．このような条件の下では（しかも線形モデルが正しくないと信じる理由がないという仮定の下では），式(H.13c)と式(H.13d)において，s^2はu_0^2に置き換わる．

注記 同一の確率変数に対してN組の独立な観測があるとき，これらをプールした分散の推定値s_p^2は，次の式から求める．

$$s_\mathrm{p}^2 = \frac{\displaystyle\sum_{i=1}^{N} \nu_i s_i^2}{\displaystyle\sum_{i=1}^{N} \nu_i}$$

ここに，s_i^2は独立なn_i回の繰返し観測から求めた第i組の実験分散［**4.2.2**の式(4)］で，$\nu_i = n_i - 1$の自由度をもつ．s_p^2の自由度は$\nu = \sum_{i=1}^{N} \nu_i$である．プールした分散の推定値$s_\mathrm{p}^2$によって特徴付けられる独立な$m$個の観測値に対する相加平均の実験分散$s_\mathrm{p}^2/m$（及び実験標準偏差$s_\mathrm{p}/\sqrt{m}$）もまた$\nu$の自由度をもつ．

2) 各t_kが無視できる不確かさをもつとし，また補正ε_kがn個の$t_{\mathrm{R},k}$の値の各々に加えられ，各補正は同一の標準不確かさu_aをもつと仮定する．このとき，各補正値$b_k = t_{R,k} - t_k$の標準不確かさもまたu_aであり，また$s^2(y_1)$は$s^2(y_2) + u_\mathrm{a}^2$で，$s^2(y_1{}')$は$s^2(y_1{}') + u_\mathrm{a}^2$に置き換えることができる．

H.4　放射能の測定

この事例は，抵抗及びリアクタンスの同時測定に関する**H.2**の事例に類似しており，その例では二つの異なった方法でデータを解析し，それぞれ本質的に同じ数値結果を与えるものであった．この第1の方法について，入力量の間の観測した相関を考慮する必要のあることをもう一度説明する．

H.4.1　測定の課題

ある水試料中のラドン（$^{222}\mathrm{Rn}$）の放射能濃度を，既知の放射能濃度をもつ

附 属 書 H   163

水中ラドン標準試料（訳注：線源）に対して液体シンチレーション計数によっ
て決定する．未知の放射能濃度は22 mLの測定容器（訳注：バイアル）中の
約5 gの水及び12 gの有機乳剤シンチレータ（蛍光体）から成る次の三つの
計数線源を測定することによって求める．すなわち，

— **線源（a）** 既知の放射能濃度をもつ質量m_Sの標準溶液から成る標準試料，

— **線源（b）** 自然計数率を求めるのに用いる，放射性物質を含まない水の整
合ブランク（ゼロ）試料，

— **線源（c）** 未知の放射能濃度をもつ質量m_xを精密に採り分けた測定試料．

これらの三つの計数線源について，6サイクルの測定を標準—ブランク（ゼ
ロ）—試料の順で行う．各線源に対する各不感時間補正後の計数間隔T_0は，6
サイクルの全ての期間中，60分である．全ての計数の間（65時間）にわたっ
て自然計数率が一定であるとは仮定できないが，ブランク（ゼロ）試料につい
て得る計数は，同じサイクル内での標準試料と測定試料の測定中の自然計数率
の代表として用いてよいと仮定する．データを**表 H.7**に示す．

表中で，

t_S, t_B, t_xは， 基準時間$t＝0$から不感時間補正後の計数間隔$T_0＝60$ min の
中間点までの時間で，それぞれ標準，ブランク（ゼロ）及び
測定の各試料瓶に対するものである．t_Bは表を完成させるた
めに与えたもので，解析には必要でない．

C_S, C_B, C_xは，不感時間補正後の計数間隔$T_0＝60$ min 内に記録した計数で，
それぞれ標準，ブランク（ゼロ）及び測定の各試料瓶に対す
るものである．観測した計数は，次の式で表す．

$$C_S = C_B + \varepsilon A_s T_0 m_s e^{-\lambda t_s} \quad\dotfill\quad \text{(H.18a)}$$
$$C_x = C_B + \varepsilon A_x T_0 m_x e^{-\lambda t_x} \quad\dotfill\quad \text{(H.18b)}$$

ここに，

ε は与えられた線源成分に対する^{222}Rnの液体シンチレーション検出効率
で，放射能レベルとは独立であるとみなす．

A_S は基準時間$t＝0$における標準試料の放射能濃度，

A_x は測定対象量で，基準時間 $t=0$ における測定試料の未知の放射能濃度と定義する，

m_S は標準溶液の質量，

m_x は測定のために精密に採り分けた試料の質量，

λ は ^{222}Rn の壊変定数，すなわち

$$\lambda = (\ln 2)/T_{1/2} = 1.258\,94 \times 10^{-4}\,\mathrm{min}^{-1} \quad (T_{1/2} = 5\,505.8\,\mathrm{min})$$

式(H.18a)と式(H.18b)は，標準試料及び測定試料の放射能の指数関数的壊変及び自然計数の各サイクルごとの僅かな変化のために，**表 H.7** に示す C_S と C_x の個々の 6 個の値がいずれも，直接には平均できないことを示す．その代わり，壊変補正と自然計数補正を行った計数（又は計数を $T_0 = 60$ min で除したものとして定義する計数率）を扱わなければならない．この結果，式(H.18a)と式(H.18b)とを合成して，既知の量で表す次の未知の濃度の式を求めることを示唆する．すなわち，

$$A_x = f(A_S, m_S, m_x, C_S, C_x, C_B, t_S, t_x, \lambda)$$

$$= A_S \frac{m_S}{m_x} \frac{(C_x - C_B)e^{\lambda t_x}}{(C_S - C_B)e^{\lambda t_s}}$$

$$= A_S \frac{m_S}{m_x} \frac{C_x - C_B}{C_S - C_B} e^{\lambda(t_x - t_s)} \quad\dots\dots\dots\dots\dots\dots \text{(H.19)}$$

ここに，$(C_x - C_B)e^{\lambda t_x}$ 及び $(C_S - C_B)e^{\lambda t_s}$ は，基準時間 $t=0$ において，かつ，時間間隔 $T_0 = 60$ min に対するそれぞれ自然計数補正をした計数で測定試料と標準試料のものである．上式の代わりに，次のように簡単に書くこともできる．

$$A_x = f(A_S, m_S, m_x, R_S, R_x) = A_S \frac{m_S}{m_x} \frac{R_x}{R_S} \quad\dots\dots\dots \text{(H.20)}$$

ここに，自然計数補正と壊変補正を行った後の計数率 R_x 及び R_S を

$$R_x = [(C_x - C_B)/T_0]e^{\lambda t_x} \quad\dots\dots\dots\dots\dots\dots\dots\dots \text{(H.21a)}$$

$$R_S = [(C_S - C_B)/T_0]e^{\lambda t_s} \quad\dots\dots\dots\dots\dots\dots\dots\dots \text{(H.21b)}$$

によって与える．

附 属 書 H　　　　165

表 H.7－未知の試料の放射能濃度を決定するための計数データ

サイクル	標準試料		ブランク（ゼロ）試料		測定試料	
k	t_S (min)	C_S (カウント)	t_B (min)	C_B (カウント)	t_x (min)	C_x (カウント)
1	243.74	15 380	305.56	4 054	367.37	41 432
2	984.53	14 978	1 046.10	3 922	1 107.66	38 706
3	1 723.87	14 394	1 785.43	4 200	1 846.99	35 860
4	2 463.17	13 254	2 524.73	3 830	2 586.28	32 238
5	3 217.56	12 516	3 279.12	3 956	3 340.68	29 640
6	3 956.83	11 058	4 018.38	3 980	4 079.94	26 356

H.4.2　データの解析

自然計数補正と壊変補正後の計数率 R_S と R_x は，**表 H.7** のデータと前記の $\lambda = 1.258\ 94 \times 10^{-4} \mathrm{min}^{-1}$ を用いて式(H.21a)と式(H.21b)から計算し，**表 H.8** にまとめてある.

表 H.8－自然計数補正及び壊変補正を行った後の計数率の計算

サイクル k	R_x (min^{-1})	R_S (min^{-1})	$t_x - t_S$ (min)	$R = R_x/R_S$
1	652.46	194.65	123.63	3.352 0
2	666.48	208.58	123.13	3.195 3
3	665.80	211.08	123.12	3.154 3
4	655.68	214.17	123.11	3.061 5
5	651.87	213.92	123.12	3.047 3
6	623.31	194.13	123.11	3.210 7
	$\overline{R}_x = 652.60$ $s(\overline{R}_x) = 6.42$ $s(\overline{R}_x)/\overline{R}_x$ $= 0.98 \times 10^{-2}$	$\overline{R}_S = 206.09$ $s(\overline{R}_S) = 3.79$ $s(\overline{R}_S)/\overline{R}_S$ $= 1.84 \times 10^{-2}$		$\overline{R} = 3.170$ $s(\overline{R}) = 0.046$ $s(\overline{R})/\overline{R}$ $= 1.44 \times 10^{-2}$
	$\overline{R}_x / \overline{R}_S = 3.167$ $u(\overline{R}_x / \overline{R}_S) = 0.045$ $u(\overline{R}_x / \overline{R}_S)/(\overline{R}_x / \overline{R}_S) = 1.42 \times 10^{-2}$			
	相関係数			
	$r(\overline{R}_x,\ \overline{R}_S) = 0.646$			

166　　　TS Z 0033:2012（ISO/IEC Guide 98-3:2008）

比 $R = R_x/R_S$ は，次の式からもっと簡単に計算されることに留意するとよい．

$$[(C_x - C_B)/(C_S - C_B)]e^{\lambda(t_x - t_S)}$$

相加平均，$\overline{R}_S$，$\overline{R}_x$ 及び $\overline{R}$ 並びにそれらの実験標準偏差 $s(\overline{R}_S)$，$s(\overline{R}_x)$ 及び $s(\overline{R})$ は通常の方法で計算される［**4.2** の式(3)及び式(5)］．相関係数 $r(\overline{R}_x, \overline{R}_S)$ は，**5.2.3** の式(17)と **5.2.2** の式(14)から計算される．

　R_x 及び R_S の値の変化が比較的小さいため，平均値の比 $\overline{R}_x/\overline{R}_S$ 及びこの比の標準不確かさ $u(\overline{R}_x/\overline{R}_S)$ はそれぞれ，**表 H.8** の最右欄に与える比の平均値 $\overline{R}$ とその実験標準偏差 $s(\overline{R})$ にほぼ等しい［**H.2.4** 及び **H.2.4** の式(H.10)参照］．しかし，標準不確かさ $u(\overline{R}_x/\overline{R}_S)$ を計算する際，相関係数 $r(\overline{R}_x, \overline{R}_S)$ によって表す R_x と R_S との間の相関を **5.2.2** の式(16)を用いて考慮する必要がある［この式は $\overline{R}_x/\overline{R}_S$ の相対推定分散に対し，式(H.22b)の最後の三つの項を与える．］．

　R_x 及び R_S のそれぞれの実験標準偏差，$\sqrt{6}\,s(\overline{R}_x)$ と $\sqrt{6}\,s(\overline{R}_S)$ は，これらの量の変動が計数過程のポアソン統計量が含む変動より 2 倍から 3 倍大きいことを示すということを認識するとよい．計数の観測した変動は後者を含み，これを別個に考慮する必要はない．

H.4.3　最終結果の計算

　未知の放射能濃度 A_x 及びその合成標準不確かさ $u_c(A_x)$ を式(H.20)から求めるには，A_S，m_x 及び m_S 並びにそれらの標準不確かさが必要となる．これらを次のように与える．

$$A_S = 0.136\ 8\ \text{Bq/g}$$
$$u(A_S) = 0.001\ 8\ \text{Bq/g} \qquad u(A_S)/A_S = 1.32 \times 10^{-2}$$
$$m_S = 5.019\ 2\ \text{g}$$
$$u(m_S) = 0.005\ 0\ \text{g} \qquad u(m_S)/m_S = 0.10 \times 10^{-2}$$
$$m_x = 5.057\ 1\ \text{g}$$
$$u(m_x) = 0.001\ 0\ \text{g} \qquad u(m_x)/m_x = 0.02 \times 10^{-2}$$

他の不確かさの要因は無視できると評価する．すなわち，

— 壊変時間の標準不確かさ，$u(t_{S,k})$ 及び $u(t_{x,k})$，

— ^{222}Rn の壊変定数の標準不確かさ，$u(\lambda) = 1 \times 10^{-7}\,\text{min}^{-1}$．（重要な量は壊変係数 $\exp[\lambda(t_x - t_S)]$ であり，これはサイクル $k = 4$ と 6 に対する 1.015 63 からサイクル $k = 1$ に対する 1.015 70 まで変わる．これらの値の標準不確かさは $u = 1.2 \times 10^{-5}$ である．），

— 用いた線源［標準，ブランク（ゼロ）及び測定の各試料］に対する，シンチレーション計数管の検出効率の依存性に伴う不確かさ，

— 計数管不感時間に対する補正及び計数効率の放射能レベル依存性に対する補正の不確かさ．

H.4.3.1 結果：方法 1

前に述べたように，A_x 及び $u_c(A_x)$ は式 (H.20) から二つの異なった方法で求めることができる．第 1 の方法では，A_x は相加平均 $\overline{R}_x$ 及び $\overline{R}_S$ を用いて計算し，次のようになる．

$$A_x = A_S \frac{m_S}{m_x} \frac{\overline{R}_x}{\overline{R}_S} = 0.430\,0\ \text{Bq/g} \quad\cdots\cdots\cdots\cdots\cdots\cdots \text{(H.22a)}$$

5.2.2 の式 (16) を上式に適用すると，合成分散 $u_c{}^2(A_x)$ に対し，次の式を得る．

$$\begin{aligned}
\frac{u_c{}^2(A_x)}{A_x{}^2} = {} & \frac{u^2(A_S)}{A_S{}^2} + \frac{u^2(m_S)}{m_S{}^2} + \frac{u^2(m_x)}{m_x{}^2} \\
& + \frac{u^2(\overline{R}_x)}{\overline{R}_x{}^2} + \frac{u^2(\overline{R}_S)}{\overline{R}_S{}^2} \\
& - 2r(\overline{R}_x, \overline{R}_S)\frac{u(\overline{R}_x)u(\overline{R}_S)}{\overline{R}_x \overline{R}_S} \quad\cdots\cdots\cdots\cdots \text{(H.22b)}
\end{aligned}$$

ここに，**H.4.2** で述べたように，最後の三つの項は $\overline{R}_x / \overline{R}_S$ の推定相対分散 $u^2(\overline{R}_x / \overline{R}_S)/(\overline{R}_x / \overline{R}_S)^2$ を与える．**H.2.4** の議論と矛盾なく，**表 H.8** の結果は $\overline{R}$ が $\overline{R}_x / \overline{R}_S$ に正確には等しくないことを示す．さらに，$\overline{R}_x / \overline{R}_S$ の標準不確かさ $u(\overline{R}_x / \overline{R}_S)$ は $\overline{R}$ の標準不確かさ $s(\overline{R})$ に正確には等しくないことを示す．

該当する量の値を式 (H.22a) と式 (H.22b) に代入すると，

$$\frac{u_c(A_x)}{A_x} = 1.93 \times 10^{-2}$$

$$u_c(A_x) = 0.008\,3\ \text{Bq/g}$$

168 TS Z 0033:2012 (ISO/IEC Guide 98-3:2008)

が得られる．したがって，測定の結果は次のように表される．

$A_x = 0.430\ 0$ Bq/g，ただし，合成標準不確かさ $u_c = 0.008\ 3$ Bq/g．

H.4.3.2　結果：方法2

第2の方法では，$\overline{R}_x$ 及び $\overline{R}_S$ の間の相関を避けて，A_x は相加平均 $\overline{R}$ を用いて計算する．したがって，

$$A_x = A_S \frac{m_S}{m_x} \overline{R} = 0.430\ 4\ \text{Bq/g} \quad\cdots\cdots\cdots\cdots\cdots\cdots\cdots\cdots\cdots \text{(H.23a)}$$

$u_c^{\ 2}(A_x)$ の式は，単純に，

$$\frac{u_c^{\ 2}(A_x)}{A_x^{\ 2}} = \frac{u^2(A_S)}{A_S^{\ 2}} + \frac{u^2(m_S)}{m_S^{\ 2}} + \frac{u^2(m_x)}{m_x^{\ 2}} + \frac{u^2(\overline{R})}{\overline{R}^{\ 2}} \quad \text{(H.23b)}$$

であり，

$$\frac{u_c(A_x)}{A_x} = 1.95 \times 10^{-2}$$

$$u_c(A_x) = 0.008\ 4\ \text{Bq/g}$$

となる．したがって，測定の結果は次のように表される．

$A_x = 0.430\ 4$ Bq/g，ただし，合成標準不確かさ $u_c = 0.008\ 4$ Bq/g．

u_c の有効自由度は Welch-Satterthwaite の式を用いて，**H.1.6** で説明した方法で評価する．

H.2 と同じように，二つの量の比の平均を二つの量の平均の比で近似することを避けているため，また，用いた測定の手順（データを実際にそれぞれの測定サイクルごとに集めた．）をよりよく反映しているため，二つの方法の結果のうち，第2の方が好ましい．

それでもなお，二つの方法で得た A_x の値の差は，いずれに帰属する標準不確かさに比べても，明らかに小さく，また，二つの標準不確かさの差は完全に無視できる．このような一致は，観測した相関を適切に含めば，二つの方法は同等であることを立証している．

附 属 書 H　　　　169

H.5　分散分析

この事例では，分散分析（ANOVA）法の簡単な紹介を行う．この統計手法は測定における個々の偶然効果を識別し，かつ，定量化するために用い，その結果，測定結果の不確かさを評価するときにこれらの効果を適切に考慮することができる．分散分析法は，例えば，ツェナー電圧標準，質量標準などの参照標準の校正，標準物質の校正など，広範囲の測定に適用できるが，分散分析法はそれだけでは，存在するかもしれない系統効果を識別することはできない．

分散分析法という一般的な名称の中には，多くの異なったモデルを含む．そこで，重要性の点から，この事例で議論する特定のモデルとして釣合形枝分かれ配置を選ぶ．このモデルの数値的説明をツェナー電圧標準の校正について行う．このような解析はいろいろな実際の測定の状況に当てはまるはずである．

分散分析法は，試験所間試験による標準物質（RMs）の認証において特に重要性をもち，これは **ISO Guide 35**[19]の中で詳しく取り扱っている課題でもある（RM認証の簡単な記述については **H.5.3.2** 参照）．**ISO Guide 35** に含む文書の多くは実際に広く適用できるため，非釣合形枝分かれ配置を含め，分散分析に関して更に詳細を知るには，この標準仕様書を参照するとよい．参考文献[15]，[20]も同様に参照するとよい．

H.5.1　測定の課題

安定な電圧参照標準を基準として2週間の間に校正した公称値10 Vのツェナー電圧標準器について考える．この期間中のJ日間の各々の日に，標準器の電位差V_Sの独立なK回の繰返し観測を行った．V_{jk}がj番目の日（$j=1, 2, \cdots, J$）におけるk番目のV_Sの観測値（$k=1, 2, \cdots, K$）を表すとすると，標準器の電位差の最良推定値はJK個の観測値の相加平均$\overline{V}$であり［**4.2.1** の式(3)参照］，次の式で示す．

$$V_S = \frac{1}{JK} \sum_{j=1}^{J} \sum_{k=1}^{K} V_{jk} = \overline{V} \quad\cdots\cdots\cdots\cdots\cdots\cdots\cdots\cdots\cdots\cdots \text{(H.24a)}$$

平均値の実験標準偏差$s(\overline{V})$は標準器の電位差の推定値としての$\overline{V}$の不確かさの尺度であり，次の式から求める［**4.2.3** の式(5)参照］．

170   TS Z 0033:2012（ISO/IEC Guide 98-3:2008）

$$s^2(\overline{V}) = \frac{1}{JK(JK-1)} \sum_{j=1}^{J} \sum_{k=1}^{K} (V_{jk} - \overline{V})^2 \quad \cdots\cdots\cdots\cdots\cdots \quad (\text{H.24b})$$

注記　この事例の全体を通して，系統効果を補償するために観測値に加える補正は全て無視できる不確かさをもつか，又はそれらの不確かさは解析の最後に考慮に入れることができると仮定する．この後者の種類に属する補正の例は，ツェナー電圧標準器の校正の基準である安定電圧参照標準の認証値（ある与えられた不確かさをもつとみなす．）と作動値との間の差であり，この補正は解析の最後に観測値の平均値に加えることができる．したがって，観測値から統計的に求める標準器の電位差の推定値は必ずしも測定の最終結果ではない．同様に，その推定値の実験標準偏差も必ずしも最終結果の合成標準不確かさではない．

　式(H.24b)から求める，平均値の実験標準偏差$s(\overline{V})$は，観測値の日間変動が同一日に行う観測間の変動と同じである場合に限って，$\overline{V}$の不確かさの適切な尺度である．日間変動が日内変動よりも著しく大きいという徴候があるならば，この式を使用すると$\overline{V}$の不確かさはかなりの過小評価となる可能性がある．そこで，日間変動（分散の日間成分によって特徴付けられる．）が日内変動（分散の日内成分によって特徴付けられる．）と比較して有意であるかどうかをいかに決定すべきか，また，有意であると分かった場合に，平均値の不確かさをいかに評価すべきかという二つの疑問が生まれる．

H.5.2　数値例

H.5.2.1　上記の疑問を検討するためのデータを**表 H.9**に示す．表中で，

$J = 10$は電位差の観測を行った日数，

$K = 5$は各々の日に行った電位差の観測の数，

$$\overline{V}_j = \frac{1}{K} \sum_{k=1}^{K} V_{jk} \quad \cdots\cdots\cdots\cdots\cdots\cdots\cdots\cdots\cdots\cdots\cdots\cdots\cdots\cdots\cdots\cdots \quad (\text{H.25a})$$

はJ番目の日に行った$K = 5$個の電位差観測値の相加平均（$J = 10$個のこのような日平均がある．），

$$\overline{V} = \frac{1}{J}\sum_{j=1}^{J}\overline{V}_j = \frac{1}{JK}\sum_{j=1}^{J}\sum_{k=1}^{K}V_{jk} \quad\cdots\cdots\cdots\cdots\cdots\cdots\cdots\cdots\text{(H.25b)}$$

は$J = 10$個の日平均の相加平均であり，したがって$JK = 50$個の観測値の全平均値，

$$s^2(V_{jk}) = \frac{1}{K-1}\sum_{k=1}^{K}(V_{jk} - \overline{V}_j)^2 \quad\cdots\cdots\cdots\cdots\cdots\cdots\text{(H.25c)}$$

はj番目の日に行った$K = 5$個の観測値の実験分散（$J = 10$個のこのような分散の推定値がある．），

$$s^2(\overline{V}_j) = \frac{1}{J-1}\sum_{j=1}^{J}(\overline{V}_j - \overline{V})^2 \quad\cdots\cdots\cdots\cdots\cdots\cdots\text{(H.25d)}$$

は$J = 10$個の日平均の実験分散（このような分散の推定値は1個だけである．）である．

表 H.9－ $K = 5$の独立な繰返し観測値に基づく各日平均$\overline{V}_j$と実験標準偏差$s(V_{jk})$を含む，$J = 10$日に得た電圧標準器の校正データのまとめ

量	日, j				
	1	2	3	4	5
$\overline{V}_j/\text{V}$	10.000 172	10.000 116	10.000 013	10.000 144	10.000 106
$s(V_{jk}/\mu\text{V})$	60	77	111	101	67
量	日, j				
	6	7	8	9	10
$\overline{V}_j/\text{V}$	10.000 031	10.000 060	10.000 125	10.000 163	10.000 041
$s(V_{jk}/\mu\text{V})$	93	80	73	88	86
$\overline{V} = 10.000\ 097\ \text{V}$　　　　$s(\overline{V}_j) = 57\ \mu\text{V}$					
${s_a}^2 = Ks^2(\overline{V}_j) = 5(57\ \mu\text{V})^2 = (128\ \mu\text{V})^2$　　　${s_b}^2 = \overline{s^2(V_{jk})} = (85\ \mu\text{V})^2$					

H.5.2.2 観測値の日内変動と日間変動とが一致しているかどうかは，分散の日内成分${\sigma_w}^2$（すなわち同じ日に行った観測値の分散）の独立な二つの推定値を比較することによって検討できる．

172 TS Z 0033:2012 (ISO/IEC Guide 98-3:2008)

σ_w^2 の第1の推定値は，これを s_a^2 で表すと，日平均 $\overline{V}_j$ の観測した変動から求められる．$\overline{V}_j$ は K 個の観測値の平均値であるから，その推定分散 $s^2(\overline{V}_j)$ は，分散の日間成分がゼロという仮定の下で，σ_w^2/K の推定値である．したがって，式(H.25d)から次の式を得る．

$$s_a^2 = Ks^2(\overline{V}_j) = \frac{K}{J-1}\sum_{j=1}^{J}(\overline{V}_j - \overline{V})^2 \quad\cdots\cdots\cdots\cdots\cdots\cdots \text{(H.26a)}$$

これは $\nu_a = J-1 = 9$ の自由度をもつ σ_w^2 の推定値である．

σ_w^2 の第2の推定値は，これを s_b^2 で表すと，$J = 10$ 個の独立な $s^2(V_{jk})$ の値から **H.3.6** の**注記**の式を用いて求める分散をプールした推定値であり，ここで，10 個の独立な値は式(H.25c)から計算する．これらの値の各々の自由度は $\nu_i = K-1$ であるから，s_b^2 の最終の式は単にそれらの平均である．したがって，

$$s_b^2 = \overline{s^2(V_{jk})} = \frac{1}{J}\sum_{j=1}^{J}s^2(V_{jk})$$

$$= \frac{1}{J(K-1)}\sum_{j=1}^{J}\sum_{k=1}^{K}(V_{jk} - \overline{V}_j)^2 \quad\cdots\cdots\cdots\cdots\cdots \text{(H.26b)}$$

を得，これは $\nu_b = J(K-1) = 40$ の自由度をもつ σ_w^2 の推定値である．

式(H.26a)及び式(H.26b)で与えられる σ_w^2 の推定値は，それぞれ $s_a^2 = (128\,\mu\text{V})^2$ 及び $s_b^2 = (85\,\mu\text{V})^2$ となる（**表 H.9** 参照）．推定値 s_a^2 は日平均の変動に基づいており，一方で，推定値 s_b^2 は日内の観測値の変動に基づいているため，それらに差があるということは，観測値が日によって変化するが任意の1日に行う観測に対しては比較的一定にとどまるような効果の存在の可能性を示す．F 検定はこの可能性を，したがって分散の日間成分がゼロであるという仮定を検定するのに用いる．

H.5.2.3 F 分布は，正規分布に従う確率変数の分散 σ^2 の独立な二つの推定値，$s_a^2(\nu_a)$ と $s_b^2(\nu_b)$，の比 $F(\nu_a,\ \nu_b) = s_a^2(\nu_a)/s_b^2(\nu_b)$ の確率分布である [15]．パラメータ ν_a 及び ν_b は二つの推定値のそれぞれの自由度であり，また $0 \leqq F(\nu_a,\nu_b) < \infty$ である．F の値は ν_a 及び ν_b のいろいろな値並びに F 分布の幾つかの下側確率に対して表で与える．$F(\nu_a,\nu_b)$ の値 $> F_{0.95}$ （限界値）又は

$F(\nu_a, \nu_b)$ の値 $> F_{0.975}$ であることは，ある統計的に有意な大きさだけ $s_a^2(\nu_a)$ が $s_b^2(\nu_b)$ よりも大きいことを示すものと通常解釈する．つまり，もし二つの推定値が同じ分散の推定値であると仮定するならば，F の値が観測した値ほどに大きい確率は，それぞれ 0.05 又は 0.025 よりも小さいということを示す（$F_{0.99}$ のように，他の限界値を選ぶこともできる．）．

H.5.2.4 F 検定をこの数値例に適用すると，

$$F(\nu_a,\ \nu_b) = \frac{s_a^2}{s_b^2} = \frac{Ks^2(\overline{V_j})}{s^2(V_{jk})} = \frac{5(57\,\mu V)^2}{(85\,\mu V)^2} = 2.25 \cdots \quad (\text{H.27})$$

が導け，式中の分子は $\nu_a = J-1 = 9$ の自由度を，分母は $\nu_b = J(K-1) = 40$ の自由度をもつ．$F_{0.95}(9,\ 40) = 2.12$ 及び $F_{0.975}(9,\ 40) = 2.45$ であるから，日間効果は 5 パーセントの有意水準では統計的に有意であるが，2.5 パーセントの有意水準では有意でないと判定する．

H.5.2.5 もし s_a^2 と s_b^2 との相違が統計的に有意であると考えられないために，日間効果の存在が棄却されるならば（これは不確かさの過小評価を招く可能性があるため，軽率な結論であるかもしれない．），$\overline{V}$ の推定分散 $s^2(\overline{V})$ は式 (H.24b) から計算してよい．この関係は，観測値の分散の最良推定値を求めるため，推定値 s_a^2 と s_b^2 をプールし（すなわちそれぞれの自由度 ν_a 及び ν_b の重みをつけて s_a^2 及び s_b^2 の加重平均をとること—**H.3.6** の**注記**参照），そして観測値の平均の分散の最良推定値 $s^2(\overline{V})$ を求めるため，その推定値を観測値の数 JK で除することと同等である．この手順に従うと，次の式が得られる．

$$s^2(\overline{V}) = \frac{(J-1)s_a^2 + J(K-1)s_b^2}{JK(JK-1)}$$

$$= \frac{9(128\,\mu V)^2 + 40(85\,\mu V)^2}{(10)(5)(49)} = (13\,\mu V)^2 \cdots\cdots\cdots \quad (\text{H.28a})$$

すなわち

$$s(\overline{V}) = 13\,\mu V \cdots\cdots\cdots\cdots\cdots\cdots\cdots\cdots\cdots\cdots\cdots\cdots\cdots \quad (\text{H.28b})$$

ここに，$s(\overline{V})$ の自由度は $JK-1 = 49$ である．

系統効果に対する全ての補正を既に考慮し，また他の不確かさの成分が全て

無視できるならば，校正の結果は，$V_\mathrm{S}=\overline{V}=10.000\,097\text{ V}$（**表 H.9** 参照）であり，その合成標準不確かさは$s(\overline{V})=u_\mathrm{c}=13\,\mu\text{V}$で，$u_\mathrm{c}$の自由度は 49 である，と表すことができる．

注記 1 実際には，無視できない不確かさの成分は他にもある可能性が高く，その場合，これらを観測値から統計的に求められる不確かさの成分と合成する必要がある（**H.5.1** の**注記**参照）．

注記 2 $s^2(\overline{V})$に対する式(H.28a)は，式(H.24b)における二乗和を S で表して次のように書くと，式(H.24b)と同等であることが分かる．

$$s = \sum_{j=1}^{J}\sum_{k=1}^{K}[(V_{jk}-\overline{V}_j)+(\overline{V}_j-\overline{V})]^2 = (J-1)s_\mathrm{a}^2+J(K-1)s_\mathrm{b}^2$$

H.5.2.6 もし日間効果の存在を採択し（これは不確かさの過小評価の可能性を避けることになるため，慎重な結論といえる.），それが偶然的な効果であると仮定すると，式(H.25d)によって$J=10$ 個の日平均から計算する分散$s^2(\overline{V}_j)$は，**H.5.2.2** で仮定したようなσ_w^2/Kではなくて，$\sigma_\mathrm{w}^2/K+\sigma_\mathrm{B}^2$で推定する．ここに，$\sigma_\mathrm{B}^2$は分散の日間偶然成分である．このことは次の関係を意味する．

$$s^2(\overline{V}_j) = \frac{s_\mathrm{w}^2}{K}+s_\mathrm{B}^2 \quad\cdots\cdots\cdots\cdots\cdots\cdots\cdots\cdots\cdots\cdots\cdots\cdots \text{(H.29)}$$

ここに，s_w^2はσ_w^2を，s_B^2はσ_B^2を推定する．式(H.26b)から計算される$\overline{s^2(V_{jk})}$は観測値の日内変動にだけ依存するから，$s_\mathrm{w}^2=\overline{s^2(V_{jk})}$としてよい．したがって，**H.5.2.4** の F 検定に用いる比$Ks^2(\overline{V}_j)/\overline{s^2(V_{jk})}$は

$$F = \frac{Ks^2(\overline{V}_j)}{\overline{s^2(V_{jk})}} = \frac{s_\mathrm{w}^2+Ks_\mathrm{B}^2}{s_\mathrm{w}^2} = \frac{5(57\,\mu\text{V})^2}{(85\,\mu\text{V})^2} = 2.25 \quad\cdots\quad \text{(H.30)}$$

となり，さらに，

$$s_\mathrm{B}^2 = \frac{Ks^2(\overline{V}_j)-\overline{s^2(V_{jk})}}{K} \quad\cdots\cdots\cdots\cdots\cdots\cdots\cdots\cdots\cdots\cdots \text{(H.31a)}$$

$$= (43\,\mu V)^2,\ \text{すなわち,}\ s_\mathrm{B} = 43\,\mu V$$

$$s_\mathrm{w}^2 = \overline{s^2(V_{jk})} = (85\,\mu V)^2,\ \text{すなわち,}\ s_\mathrm{w} = 85\,\mu V \quad\cdots\ \text{(H.31b)}$$

を得る．

$\overline{V}$ の推定分散は，$s^2(\overline{V}_j)$ が分散の日内と日間の両偶然成分を適切に反映しているため ［式(H.29)参照］，$s^2(\overline{V}_j)$ は，式(H.25d)から求める．したがって，

$$s^2(\overline{V}) = s^2(\overline{V}_j)/J$$
$$= (57\,\mu\mathrm{V})^2/10, \quad \text{すなわち，} \ s(\overline{V}) = 18\,\mu\mathrm{V} \ \cdots \ \text{(H.32)}$$

を得，$s(\overline{V})$ は $J-1 = 9$ の自由度をもつ．

s_w^2 の（したがって s_w の）自由度は $J(K-1) = 40$ である ［式(H.26b) 参照］．s_B^2 の（したがって s_B の）自由度は，差 $s_\mathrm{B}^2 = s^2(\overline{V}_j) - s^2(V_{jk})/K$ ［式(H.31a)］の有効自由度であるが，その推定には問題が多い．

H.5.2.7 このように，電圧標準器の電位差の最良推定値は，$V_\mathrm{S} = \overline{V} =$ 10.000 097 V であり，式(H.32)で与えるように $s(\overline{V}) = u_\mathrm{c} = 18\,\mu\mathrm{V}$ をもつ．この u_c の値及びその自由度 9 は，日間効果の存在を棄却した場合に **H.5.2.5** で求めた結果式(H.28b)である，$u_\mathrm{c} = 13\,\mu\mathrm{V}$ 及びその自由度 49 と比較すべきものである．

　実際の測定では，日間効果が存在するように見えるならば，可能な範囲でそれを更に検討することが望ましい．日間効果の原因と，分散分析の利用を無効にするような系統効果が存在するかどうかを突き止めるためである．この事例の初めに指摘したように，分散分析の手法は偶然効果から生じる不確かさの成分を同定し評価するように考えられている．すなわち，この手法は系統効果から生じる成分については何の情報も提供しない．

H.5.3　測定における分散分析の役割

H.5.3.1 この電圧標準器の事例は，一般に釣合形1段枝分かれ配置と呼ぶものを説明している．1段枝分かれ配置というのは，観測を行う日という一つの因子についての観測値の1段階の"枝分かれ"があるからである．釣合形というのは，各々の日に同じ数の観測を行うからである．この事例で述べた解析は，ある特定の測定において，"測定者効果"，"装置効果"，"試験所効果"，"試料効果"，又は"方法効果"というものが存在するかどうかを決定するのに用いることができる．したがって，この事例では，J 日の異なった日に行った観測を，同じ日に J 人の異なる測定者によって行った観測であると置き換えて考えても

よい．そのときは，分散の日間成分は，異なる測定者に伴う分散の成分となる．

H.5.3.2　**H.5** で述べたように，分散分析法は試験所間試験による標準物質
（RMs）の認証に広く用いられている．このような認証は，通常，独立で同等
の能力をもつ複数の試験所が，認証しようとする物質の特性に対して，その物
質の試料を測定することを必要とする．一般に，試験所内及び試験所間の両者
を含めて，個々の結果の相違を，その原因に関わりなく統計的な性格をもつと
みなす．各試験所平均値は物質の特性の不偏推定値と考え，通常，この試験所
平均の重みなしの平均をその特性の最良推定値とみなす．

　ある RM 認証に異なる I 所の試験所が参加し，各試験所はある物質の異なる
J 個の試料について所要の特徴を測定し，一つの試料についての各測定は独立
な K 回の繰返し測定から成るとする．そうすると，観測値の総数は IJK 個で
あり，試料の総数は IJ 個である．これは上述の１段枝分かれの電圧標準器の
例と同様な，釣合形の２段枝分かれ配置の例である．この場合には，試料と試
験所という，二つの異なる因子についての２段階の"枝分かれ"がある．この
配置は，各試料を各試験所で同じ回数（K）観測し，各試験所は同じ数の試料（J）
を測定するので，釣合形である．電圧標準器の例と類似して，RM の場合には，
データ解析の目的が試料間効果及び試験所間効果の存在の可能性を調べること
にあり，更に認証しようとする特性値の最良推定値に対する適切な不確かさを
決めることにある．その推定値は，I 個の試験所平均の平均によって計算でき，
IJK 個の観測値の平均値でもある．

H.5.3.3　ある測定結果の不確かさを観測データに基づいて統計的に評価でき
るように，測定結果が依存する入力量を変えることの重要性は **3.4.2** で指摘し
た．枝分かれ配置及び分散分析法によるデータの解析は現実に出会う多くの測
定状況に首尾よく使用できる．

　しかし，**3.4.1** で示したように，全ての入力量を変えることは時間と資源の
制約によってほとんど実行可能ではない．したがって，多くの実際の測定の場
面では，せいぜい，分散分析法を用いて不確かさの中の2，3の成分を評価す
ることが可能なだけである．**4.3.1** で述べたように，多くの成分は，問題とす

附 属 書 H   177

る入力量の変動についての利用できる情報の全てを用い，科学的判断によって
評価せざるを得ない．すなわち，多くの例では，試料間効果，試験所間効果，
装置間効果，又は測定者間効果に起因するような不確かさ成分を，一連の観測
の統計解析によって評価することはできず，利用可能な蓄積された情報から評
価する必要がある．

H.6　参照尺度での測定：硬さ

　硬さは，測定方法を参照せずには定量化することのできない物理的概念の一
例である．すなわち，硬さは測定方法に依存せず単位をもたない．"硬さ"と
いう量は，他の測定対象量を定義する代数式には含められないという点で古典
的な測定対象量とは異なる（硬さをある種の材料の他の性質と関係付ける実験
式に用いることがときにはあるけれども）．その大きさは，取決めによる測定，
すなわち，対象とするある材料の試験片又は試料試験片に付けたくぼみの線形
的な寸法の測定によって決定される．その測定は規格書に基づいて行い，これ
には"圧子"，圧子を押し付ける試験機の構造，及び試験機の操作方法の記述
も含む．複数の規格書があり，複数の硬さの目盛がある．

　報告する硬さは測定する線形的な寸法のある関数（目盛に依存する．）である．
この細分箇条で述べる事例では，硬さは5個の繰返しくぼみの深さの相加平均
又は平均の線形関数であるが，他の一部の目盛ではこの関数は非線形である．

　標準試験機によって実現したものは国家標準として維持する（国際標準とし
て実現したものはない．）．ある特定の試験機と国家標準試験機との間の比較は，
トランスファー基準片を用いて行う．

H.6.1　測定の課題

　この事例では，ある材料試験片の硬さを国家標準試験機で校正した試験機を
用いて"ロックウェル C"目盛で決定する場合を述べる．ロックウェル C 硬
さの目盛単位は 0.002 mm であり，この目盛の硬さは，$100 \times (0.002\ \mathrm{mm})$ から
5個のくぼみの，mm で測定した深さの平均を引いたものとして定義される．
この量をロックウェル目盛単位 0.002 mm で除した値を"HRC 硬さ値"と呼ぶ．

178   TS Z 0033:2012 (ISO/IEC Guide 98-3:2008)

この事例では，この量を単に"硬さ"，記号 $h_{\text{Rockwell C}}$，と呼び，長さのロック
ウェル単位で表した硬さの数値を"硬さ値"，記号 $H_{\text{Rockwell C}}$ と呼ぶ．

H.6.2　数学的モデル

　硬さを決定するのに用いる試験機，又は校正用試験機によって試験片に作る
くぼみの深さの平均に対して，同じ試験片に国家標準試験機によって作ったと
想定するくぼみの深さの平均を決めるため，ある補正を加えなければならない．
すなわち，

$$h_{\text{Rockwell C}} = f(\overline{d}, \Delta_{\text{c}}, \Delta_{\text{b}}, \Delta_{\text{S}})$$

$$= 100(0.002\,\text{mm}) - \overline{d} - \Delta_{\text{c}} - \Delta_{\text{b}} - \Delta_{\text{S}} \quad\cdots\cdots\cdots\cdots\cdots \text{(H.33a)}$$

$$H_{\text{Rockwell C}} = h_{\text{Rockwell C}} / (0.002\,\text{mm}) \quad\cdots\cdots\cdots\cdots\cdots \text{(H.33b)}$$

ここに，

　　$\overline{d}$ は，校正用試験機によって試験片に作った5個のくぼみの深さの平均値，

　　Δ_{c} は，トランスファー基準片を用いた校正用試験機と国家標準試験機との
　　比較によって得る補正で，国家標準試験機によってこの基準片に作った
　　$5m$ 個のくぼみの深さの平均値から，校正用試験機によって同じ基準片に
　　作った $5n$ 個のくぼみの深さの平均値を引いたものに等しい，

　　Δ_{b} は，それぞれの試験機によってくぼみを作るのに使用したトランス
　　ファー基準片の2か所の間の硬さの差（くぼみの平均深さの差として表
　　す．）で，ゼロと仮定する，

　　Δ_{S} は，国家標準試験機の繰返し性の不十分さと硬さという量の定義の不
　　完全さによる誤差である．Δ_{S} はゼロであると仮定しなければならないが，
　　$u(\Delta_{\text{S}})$ の標準不確かさをもつ．

　式(H.33a)の関数の偏導関数，$\partial f / \partial \overline{d}$，$\partial f / \partial \Delta_{\text{c}}$，$\partial f / \partial \Delta_{\text{b}}$，及び $\partial f / \partial \Delta_{\text{S}}$ は全
て -1 に等しいため，校正用試験機で測定するときの試験片の硬さの合成標準
不確かさ $u_{\text{c}}(h)$ は，次の式によって簡単に得られる．

$$u_{\text{c}}^2(h) = u^2(\overline{d}) + u^2(\Delta_{\text{c}}) + u^2(\Delta_{\text{b}}) + u^2(\Delta_{\text{S}}) \quad\cdots\cdots\cdots\cdots \text{(H.34)}$$

ここに，記述の簡略化のため，$h \equiv h_{\text{Rockwell C}}$ とする．

附属書 H   179

H.6.3 寄与する分散

H.6.3.1 試験片のくぼみの平均深さ $\overline{d}$ の不確かさ，$u(\overline{d})$

繰返し観測の不確かさ：　新しいくぼみを既にあるくぼみの場所に作ることはできないため，観測の厳密な繰返しは不可能である．各くぼみは異なった場所に作られなければならないから，結果のどのような変動も異なる場所の間の硬さの変動の効果を含む．したがって，校正用試験機による試験片の 5 個のくぼみの深さの平均値の標準不確かさ $u(\overline{d})$ は，$s_p(d_k)/\sqrt{5}$ となる．ここで，$s_p(d_k)$ はくぼみの深さのプールされた実験標準偏差で，極めて一様な硬さをもつことが分かっている試験片の"繰返し"測定によって決定する（**4.2.4** 参照）．

指示の不確かさ：　校正用試験機の表示による $\overline{d}$ に加えるべき補正はゼロであるが，$u^2(\delta)=\delta^2/12$ で与える表示の分解能 δ による深さの指示の不確かさに起因する $\overline{d}$ の不確かさがある（**F.2.2.1** 参照）．$\overline{d}$ の推定分散は，このように，

$$u^2(\overline{d})=s^2(d_k)/5+\delta^2/12 \quad\cdots\cdots\cdots\cdots\cdots\cdots\cdots\cdots\cdots \text{(H.35)}$$

で与える．

H.6.3.2 二つの試験機間の差に対する補正の不確かさ，$u(\Delta_c)$

H.6.2 で示したように，Δ_c は国家標準試験機と校正用試験機との間の差に対する補正である．この補正は $\Delta_c=z_S{}'-z'$ と表し，ここで，$z_S{}'=\left(\sum_{i=1}^m z_{S,i}{}'\right)/m$ は国家標準試験機によってトランスファー基準片に作った $5m$ 個のくぼみの平均深さであり，$z'=\left(\sum_{i=1}^n \overline{z}_i\right)/n$ は，校正用試験機によって同じ基準片に作った $5n$ 個のくぼみの平均深さである．したがって，この比較では各試験機の表示の分解能による不確かさは無視できると仮定して，Δ_c の推定分散は，

$$u^2(\Delta_c)=\frac{s_{av}{}^2(\overline{z}_S)}{m}+\frac{s_{av}{}^2(\overline{z})}{n} \quad\cdots\cdots\cdots\cdots\cdots\cdots \text{(H.36)}$$

となる．ここに，

$s_{av}{}^2(\overline{z}_S)=\left[\sum_{i=1}^m s^2(\overline{z}_{S,i})\right]/m$ は，標準試験機によって作る m 組の一連のくぼみ $z_{S,ik}$ の各々の平均値の実験分散の平均値である．

$s_{av}{}^2(\overline{z})=\left[\sum_{i=1}^n s^2(\overline{z}_i)\right]/n$ は，校正用試験機によって作る n 組の一連のくぼみ

180   TS Z 0033:2012（ISO/IEC Guide 98-3:2008）

z_{ik} の各々の平均値の実験分散の平均値である．

注記　分散 $s_{av}^2(\overline{z}_S)$ 及び $s_{av}^2(\overline{z})$ は，プールした分散の推定値である
〔**H.5.2.2** の式（H.26b）の議論を参照〕．

H.6.3.3　トランスファー基準片の硬さの変動による補正の不確かさ，$u(\Delta_b)$

OIML 国際勧告 **R12**，"ロックウェル C 硬さ標準片の検定と校正"は，トランスファー基準片の 5 回の測定から得る最大及び最小のくぼみの深さが，くぼみの平均深さのある比率 x 以上には異ならないことを要求している．ここで，x は硬さ水準の関数である．したがって，基準片全体にわたってのくぼみの深さの最大の差を xz' としよう．ここで，z' は **H.6.3.2** において $n=5$ として定義するものである．さらに，この最大の差が平均値 $xz'/2$ についての三角分布で記述できるとしよう（中心値近くの値は両極端値より多く起こり得るというもっともな仮定の下に―**4.3.9** 参照）．そうすると，**4.3.9** の式（9b）において $a=xz'/2$ であれば，標準試験機及び校正用試験機にそれぞれ提供する硬さの差によるくぼみの平均深さに対する補正値の推定分散は

$$u^2(\Delta_b)=(xz')^2/24 \quad\cdots\cdots\cdots\cdots\cdots\cdots\cdots\cdots\cdots\cdots\cdots\cdots\cdots\text{(H.37)}$$

である．**H.6.2** で示したように，補正 Δ_b の最良推定値そのものはゼロであると仮定する．

H.6.3.4　国家標準試験機と硬さの定義の不確かさ，$u(\Delta_S)$

国家標準試験機の不確かさは，硬さという量の定義の不完全さによる不確かさとともに，推定標準偏差 $u(\Delta_S)$（長さの次元の量）として報告する．

H.6.4　合成標準不確かさ，$u_c(h)$

H.6.3.1 ～ H.6.3.4 に検討した各項目を集め，これらを式（H.34）に代入すると，硬さの測定の推定分散に対して，

$$u_c^2(h)=\frac{s^2(d_k)}{5}+\frac{\delta^2}{12}+\frac{s_{av}^2(\overline{z}_S)}{m}+\frac{s_{av}^2(\overline{z})}{n}$$
$$+\frac{(xz')^2}{24}+u^2(\Delta_S) \quad\cdots\cdots\cdots\cdots\cdots\cdots\cdots\cdots\cdots\text{(H.38)}$$

を得，その合成標準不確かさは $u_c(h)$ である．

附 属 書 H　　　　181

H.6.5　数値例

この事例のデータは，**表 H.10** にまとめてある.

目盛はロックウェル C で，HRC と呼ぶ．ロックウェル目盛単位は 0.002 mm で，**表 H.10** 及び次では，（例えば）"36.0 ロックウェル目盛単位"は 36.0×(0.002 mm)＝0.72 mm を意味すると解釈し，これは単にデータ及び結果を表す便宜上の方法にすぎない.

表 H.10 で与えられる該当する量の値を式(H.38)に代入すれば，次の二つの式を得る.

$$u_c^2(h) = \left[\frac{0.45^2}{5} + \frac{0.1^2}{12} + \frac{0.10^2}{6} + \frac{0.11^2}{6} \right.$$
$$\left. + \frac{(0.015 \times 36.0)^2}{24} + 0.5^2 \right] (\text{ロックウェル目盛単位})^2$$
$$= 0.307 (\text{ロックウェル目盛単位})^2$$
$$u_c(h) = 0.55 \text{ ロックウェル目盛単位} = 0.001\ 1\,\text{mm}$$

ここに，不確かさの計算の目的には，$z' = \overline{d} = 36.0$ ロックウェル目盛単位とするのが適切である.

こうして，$\Delta_c = 0$ と仮定すると，試験片の硬さは，

　　$h_\text{Rockwell C} = 64.0$ ロックウェル目盛単位又は 0.128 0 mm，ただし，その合成標準不確かさは $u_c = 0.55$ ロックウェル目盛単位又は 0.001 1 mm，

である.

試験片の硬さ値は $h_\text{Rockwell C} / (0.002\,\text{mm}) = (0.128\ 0)/(0.002\,\text{mm})$，又は，

　　$H_\text{Rockwell C} = 64.0$ HRC，ただし，合成標準不確かさ $u_c = 0.55$ HRC，

である.

国家標準試験機及び硬さの定義による不確かさ成分，$u(\Delta_S) = 0.5$ ロックウェル目盛単位，に加えて，不確かさの有意な成分には，試験機の繰返し性の不確かさ，$s_p(d_k)/\sqrt{5} = 0.20$ ロックウェル目盛単位，及びトランスファー基準片の硬さの変動の不確かさ，$(xz')^2/24 = 0.11$ ロックウェル目盛単位，がある.

u_c の有効自由度は **H.1.6** で説明した手法に従い，Welch-Satterthwaite の式を

用いて評価できる.

表 H.10−試験片の硬さをロックウェル C 目盛で決定するためのデータのまとめ

不確かさの要因	値
校正用試験機によって試験片に作った 5 個のくぼみの平均深さ $\overline{d}$: 0.072 mm	36.0 ロックウェル目盛単位
5 個のくぼみからの試験片の指示した硬さ値: $H_{\text{Rockwell C}} = h_{\text{Rockwell C}}/(0.002\,\text{mm}) = [100(0.002\,\text{mm}) - 0.072\,\text{mm}]/(0.002\,\text{mm})$ （**H.6.1** 参照）	64.0 HRC
一様な硬さをもつ試験片に校正用試験機によって作ったくぼみの深さのプールした実験標準偏差 $s_{\text{p}}(d_k)$	0.45 ロックウェル目盛単位
校正用試験機の表示の分解能, δ	0.1 ロックウェル目盛単位
トランスファー基準片に国家標準試験機によって作った m 組の一連のくぼみの平均の実験分散の平均の平方根, $s_{\text{av}}(\overline{z}_{\text{S}})$	0.10 ロックウェル目盛単位 $m = 6$
トランスファー基準片に校正用試験によって作った n 組の一連のくぼみの平均の実験分散の平均の平方根, $s_{\text{av}}(\overline{z})$	0.11 ロックウェル目盛単位 $n = 6$
トランスファー基準片の押し込み深さの許容変動, x	1.5×10^{-2}
国家標準試験機と硬さの定義の標準不確かさ, $u(\Delta_{\text{S}})$	0.5 ロックウェル目盛単位

附属書 J
主な記号の解説

a	入力量 X_i のとり得る値の一様分布の幅の半分： $a=(a_+-a_-)/2$
a_+	入力量 X_i の上限，又は上側限界
a_-	入力量 X_i の下限，又は下側限界
b_+	入力量 X_i のその推定値 x_i からの偏差の上限，又は上側限界： $b_+=a_+-x_i$
b_-	入力量 X_i のその推定値 x_i からの偏差の下限，又は下側限界： $b_-=x_i-a_-$
c_i	偏導関数又は感度係数： $c_i \equiv \partial f/\partial x_i$
f	測定対象量 Y 及び Y が従属する入力量 X_i の間の，並びに出力推定値 y 及び y が従属する入力推定値 x_i の関数関係
$\partial f/\partial x_i$	測定対象量 Y 及び Y が従属する入力量 X_i の間の関数関係 f の入力量 X_i に関する偏導関数で，X_i に対して推定値 x_i で評価した値： $\partial f/\partial x_i = \partial f/\partial X_i \vert x_1, x_2, \cdots, x_N$
k	出力推定値 y の拡張不確かさ $U=ku_\mathrm{c}(y)$ をその合成標準不確かさ $u_\mathrm{c}(y)$ から計算するのに用いられる包含係数．ここで，U は，ある高い信頼の水準をもつ区間 $Y=y\pm U$ を定義する．
k_p	出力推定値 y の拡張不確かさ $U_p=k_p u_\mathrm{c}(y)$ をその合成標準不確かさ $u_\mathrm{c}(y)$ から計算するのに用いられる包含係数．ここで，U_p は，ある高い，指定した信頼の水準 p をもつ区間 $Y=y\pm U_p$ を定義する．
n	繰返し観測の数
N	測定対象量 Y が依存する入力量 X_i の数
p	確率；信頼の水準： $0 \leq p \leq 1$
q	ある確率分布によって記述されるランダムに変化する量
$\overline{q}$	(1) ランダムに変化する量 q の独立な n 個の繰返し観測値 q_k の相

184 　TS Z 0033:2012（ISO/IEC Guide 98-3:2008）

　　　　　 加平均又は平均値

　　　　 (2) q の確率分布の期待値又は平均 μ_q の推定値

q_k 　　　ランダムに変化する量 q の k 番目の独立な繰返し観測値

$r(x_i, x_j)$ 　入力量 X_i 及び X_j を推定する入力推定値 x_i 及び x_j の推定相関係数：
　　　　　 $r(x_i, x_j) = u(x_i, x_j)/[u(x_i)u(x_j)]$

$r(\overline{X}_i, \overline{X}_j)$ 　X_i 及び X_j の独立な n 組の繰返し同時観測値 $X_{i,k}$ 及び $X_{j,k}$ から決定
　　　　　 される，入力平均値 $\overline{X}_i$ 及び $\overline{X}_j$ の推定相間係数： $r(\overline{X}_i, \overline{X}_j) =$
　　　　　 $s(\overline{X}_i, \overline{X}_j)/[s(\overline{X}_i)s(\overline{X}_j)]$

$r(y_i, y_j)$ 　二つ以上の測定対象量又は出力量が同一の測定において求められる
　　　　　 ときの出力推定値 y_i 及び y_j に対する推定相関係数

s_p^2 　　　合成又はプールされた分散の推定値

s_p 　　　プールされた実験標準偏差で， s_p^2 の正の平方根

$s^2(\overline{q})$ 　(1) 平均 $\overline{q}$ の実験分散

　　　　 (2) $\overline{q}$ の分散 σ^2/n の推定値： $s^2(\overline{q}) = s^2(q_k)/n$

　　　　 (3) タイプ A の評価から求められる推定分散

$s(\overline{q})$ 　(1) $s^2(\overline{q})$ の正の平方根に等しい，平均 $\overline{q}$ の実験標準偏差

　　　　 (2) $\sigma(\overline{q})$ の偏推定量（**C.2.21** の**注記**参照）

　　　　 (3) タイプ A の評価から求められる標準不確かさ

$s^2(q_k)$ 　(1) q に対する独立な n 個の繰返し観測値 q_k から決定される実験
　　　　　　 分散

　　　　 (2) q の確率分布の分散 σ^2 の推定値

$s(q_k)$ 　(1) $s^2(q_k)$ の正の平方根に等しい実験標準偏差

　　　　 (2) q の確率分布の標準偏差 σ の偏推定量

$s^2(\overline{X}_i)$ 　(1) X_i の独立な n 個の繰返し観測値 $X_{i,k}$ から決定される，入力平
　　　　　　 均 $\overline{X}_i$ の実験分散

　　　　 (2) タイプ A の評価から求められる推定分散

$s(\overline{X}_i)$ 　(1) $s^2(\overline{X}_i)$ の正の平方根に等しい，入力平均 $\overline{X}_i$ の実験標準偏差

　　　　 (2) タイプ A の評価から求められる標準不確かさ

$s(\overline{q}, \overline{r})$	q 及び r の独立な n 組の繰返し同時観測値 q_k 及び r_k から決定される，ランダムに変化する二つの量 q 及び r の期待値 μ_q 及び μ_r を推定する平均 $\overline{q}$ 及び $\overline{r}$ の共分散の推定値

タイプ A の評価から求められる推定共分散

$s(\overline{X}_i, \overline{X}_j)$ (1) X_i 及び X_j の独立な n 組の繰返し同時観測値 $X_{i,k}$ 及び $X_{j,k}$ から決定される，入力平均 $\overline{X}_i$ 及び $\overline{X}_j$ の共分散の推定値

(2) タイプ A の評価から求められる推定共分散

$t_p(\nu)$ ある与えられた確率 p に対応する自由度 ν の t 分布からの t 値

$t_p(\nu_{\text{eff}})$ 拡張不確かさ U_p の計算に用いられる，ある与えられた確率 p に対応する自由度 ν_{eff} の t 分布からの t 値

$u^2(x_i)$ 入力量 X_i を推定する入力推定値 x_i の推定分散

注記 x_i が独立な n 個の繰返し観測値の平均から決定されるときは，$u^2(x_i) = s^2(\overline{X}_i)$ は，タイプ A の評価から求められる推定分散である．

$u(x_i)$ $u^2(x_i)$ の正の平方根に等しい入力量 X_i を推定する入力推定値 x_i の標準不確かさ

注記 x_i が独立な n 個の繰返し観測値の平均から決定されるときは，$u(x_i) = s(\overline{X}_i)$ は，タイプ A の評価から求められる標準不確かさである．

$u(x_i, x_j)$ 入力量 X_i 及び X_j を推定する二つの入力推定値 x_i 及び x_j の推定共分散

注記 x_i 及び x_j が独立な n 組の繰返し同時観測値から決定されるときは，$u(x_i, x_j) = s(\overline{X}_i, \overline{X}_j)$ は，タイプ A の評価から求められる推定共分散である．

$u_c^2(y)$ 出力推定値 y の合成分散

$u_c(y)$ $u_c^2(y)$ の正の平方根に等しい，出力推定値 y の合成標準不確かさ

$u_{cA}(y)$ タイプ A の評価だけから求められた標準不確かさと推定共分散から決定される，出力推定値 y の合成標準不確かさ

186   TS Z 0033:2012 (ISO/IEC Guide 98-3:2008)

$u_{cB}(y)$ タイプ B の評価だけから求められた標準不確かさと推定共分散から決定される,出力推定値 y の合成標準不確かさ

$u_c(y_i)$ 二つ以上の測定対象量又は出力量が同一の測定で決定されるときの,出力推定値 y_i の合成標準不確かさ

$u_i^2(y)$ 入力推定値 x_i の推定分散 $u^2(x_i)$ によって生じる,出力推定値 y の合成分散 $u_c^2(y)$ の成分: $u_i^2(y) \equiv [c_i u(x_i)]^2$

$u_i(y)$ 入力推定値 x_i の標準不確かさによって生じる,出力推定値 y の合成標準不確かさ $u_c(y)$ の成分: $u_i(y) \equiv |c_i|u(x_i)$

$u(y_i, y_j)$ 同一の測定で決定される出力推定値 y_i 及び y_j の推定共分散

$u(x_i)/|x_i|$ 入力推定値 x_i の相対標準不確かさ

$u_c(y)/|y|$ 出力推定値 y の相対合成標準不確かさ

$[u(x_i)/x_i]^2$ 入力推定値 x_i の推定相対分散

$[u_c(y)/y]^2$ 出力推定値 y の相対合成分散

$\dfrac{u(x_i, x_j)}{|x_i x_j|}$ 入力推定値 x_i 及び x_j の推定相対共分散

U ある高い信頼の水準をもつ区間 $Y = y \pm U$ を定める出力推定値の拡張不確かさ.y の合成標準不確かさ $u_c(y)$ の包含係数 k 倍に等しい.: $U = k u_c(y)$

U_p ある高い,指定した信頼の水準 p をもつ区間 $Y = y \pm U_p$ を定める出力推定値 y の拡張不確かさ.y の合成標準不確かさ $u_c(y)$ と包含係数 k_p との積に等しい: $U_p = k_p u_c(y)$

x_i 入力量 X_i の推定値

  注記 x_i が独立な n 個の繰返し観測値の平均から決定されるときは,$x_i = \overline{X}_i$ の推定値

X_i 測定対象量 Y が依存する i 番目の入力量

  注記 X_i は物理量であっても又は確率変数であってもよい（**4.1.1** の**注記 1** 参照）

$\overline{X}_i$ 入力量 X_i の値の推定値.X_i の独立な n 個の繰返し観測値 $X_{i,k}$ の平

附 属 書 J　　187

　　　　　均に等しい

$X_{i,k}$　　　X_iの独立なk番目の繰返し観測値

y　　　　（1）測定対象量Yの推定値

　　　　　（2）測定の結果

　　　　　（3）出力推定値

y_i　　　二つ以上の測定対象量が同一の測定で決定されるときの測定対象量

　　　　　Y_iの推定値

Y　　　測定対象量

$\dfrac{\Delta u(x_i)}{u(x_i)}$　　入力推定値x_iの標準不確かさ$u(x_i)$の推定相対不確かさ

μ_q　　　ランダムに変化する量qの確率分布の期待値

ν　　　自由度（一般）

ν_i　　　入力推定値x_iの標準不確かさ$u(x_i)$の自由度，又は有効自由度

ν_{eff}　　拡張不確かさU_pを計算するための$t_p(\nu_{\text{eff}})$を求めるのに用いられる，

　　　　　$u_c(y)$の有効自由度

ν_{effA}　　タイプＡの評価だけから求められた標準不確かさによって決定さ

　　　　　れる合成標準不確かさの有効自由度

ν_{effB}　　タイプＢの評価だけから求められた標準不確かさによって決定さ

　　　　　れる合成標準不確かさの有効自由度

σ^2　　　$s^2(q_k)$によって推定される，（例えば）ランダムに変化する量qの

　　　　　確率分布の分散

σ　　　（1）σ^2の正の平方根に等しい，確率分布の標準偏差

　　　　　（2）$s(q_k)$はσの偏推定量である．

$\sigma^2(\overline{q})$　　$s^2(\overline{q}) = s^2(q_k)/n$によって推定される，$\overline{q}$の分散．$\sigma^2/n$に等しい．

$\sigma(\overline{q})$　　（1）$\sigma^2(\overline{q})$の正の平方根に等しい，$\overline{q}$の標準偏差

　　　　　（2）$s(\overline{q})$は$\sigma(\overline{q})$の偏推定量である．

$\sigma^2[s(\overline{q})]$　$\overline{q}$の実験標準偏差$s(\overline{q})$の分散

$\sigma[s(\overline{q})]$　$\sigma^2[s(\overline{q})]$の正の平方根に等しい，$\overline{q}$の実験標準偏差$s(\overline{q})$の標準偏差

188 TS Z 0033:2012（ISO/IEC Guide 98-3:2008）

注 GUM の初版で，編集規則によって**附属書 I** の使用が禁止された．したがって，附属書は，**附属書 H** の直後に**附属書 J** となっている．

参考文献

[1] **CIPM** (1980), *BIPM Proc.-Verb. Com. Int. Poids et Mesures* 48, C1-C30 (in French) ; BIPM (1980), Rapport **BIPM**-80/3, *Report on the BIPM enquiry on error statements*, Bur. Intl, Poids et Mesures (Sèvres, France) (in English).

[2] KAARLS, R. (1981), *BIPM Proc.-Verb. Com. Int. Poids et Mesures* **49**, A1-A12 (in French) ; Giacomo, P. (1981), *Metrologia* **17**, 73-74 (in English).

   注記　この標準仕様書の序文に載せた**勧告 INC-1 (1980)** の英語訳 (**0.7** 参照) はこの勧告の最終版のものであり，**BIPM** 内部報告から引用した．それは，*BIPM Proc.-Verb. Com. Int. Poids et Mesures* **49** に掲載され，また，この標準仕様書の**附属書 A** の **A.1** に引用されている勧告の，公用語である仏語版と一致している．*Metrologia* **17** に掲載された**勧告 INC-1** (**1980**) の英訳版は草案のものであり，**BIPM** 内部報告及びこの標準仕様書の **0.7** に掲載された訳文とは僅かに異なる．

[3] **CIPM** (1981), *BIPM Proc.-Verb. Com. Int. Poids et Mesures* **49**, 8-9, 26 (in French) ; Giacomo, P. (1982), *Metrologia* **18**, 43-44 (in English).

[4] **CIPM** (1986), *BIPM Proc.-Verb. Com. Int. Poids et Mesures* **54**, 14, 35 (in French) ; Giacomo, P. (1987), *Metrologia* **24**, 49-50 (in English).

[5] **ISO 5725**:1986, *Precision of test methods—Determination of repeatability and reproducibility for a standard test method by inter-laboratory tests*, International Organization for Standardization (Geneva, Switzerland).

   注記　この規格は改訂されて，**ISO 5725** *Accuracy* (*trueness and precision*) *of measurement methods and results*: となり，Part 1, 2, 3, 4, 6

190　　　　　TS Z 0033:2012（ISO/IEC Guide 98-3:2008）

は 1994 年，Part 5 は 1998 年に発行されている.

Part 1: General principles and definitions

Part 2: Basic method for the determination of repeatability and repro-ducibility of a standard measurement method

Part 3: Intermediate measures of the precision of a standard mea-surement method

Part 4: Basic methods for the determination of the trueness of a stan-dard measurement method

Part 5: Alternative methods for the determination of the precision of a standard measurement method

Part 6: Use in practice of accuracy values

　　また，**ISO 5725** は，**JIS Z 8402**:1999　測定方法及び測定結果の精確さ（真度及び精度）規格群として制定されている（第 5 部は 2002 年発行）.

　　第 1 部：一般的な原理及び定義

　　第 2 部：標準測定方法の併行精度及び再現精度を求めるための基本的方法

　　第 3 部：標準測定方法の中間精度

　　第 4 部：標準測定方法の真度を求めるための基本的方法

　　第 5 部：標準測定方法の精度を求めるための代替法

　　第 6 部：精確さに関する値の実用的な使い方

[6]　　*International vocabulary of basic and general terms in metrology,* second edition, 1993, International Organization for Standardization（Geneva, Switzerland）.

　　この用語集の題名"国際計量基本用語集"の略語は **VIM** である.

　　注記 1　**附属書 B** に示した用語の定義は，**VIM** の改訂英語版の出版前の最終版から引用された.

　　注記 2　**VIM** の第 2 版は，**VIM** の作成を支援したグループである **ISO**

技術諮問グループ 4 (TAG 4) に参加した次の 7 機関の名の下に，国際標準化機構 (**ISO**) によって出版された．7 機関は，国際度量衡局 (**BIPM**)，国際電気標準会議 (**IEC**)，国際臨床化学連合 (**IFCC**)，**ISO**，国際純正応用化学連合 (**IUPAC**)，国際純粋応用物理学連合 (**IUPAP**) 及び国際法定計量機関 (**OIML**) である．

注記 3　**VIM** の第 1 版は，1984 年に，**BIPM**，**IEC**，**ISO** 及び **OIML** の名で，**ISO** によって出版された．

注記 4　**VIM** の第 3 版は，**ISO/IEC Guide 99**:2007 (**JCGM 200**:2008)，*International vocabulary of metrology—Basic and general concepts and associated terms* (*VIM*) として出版された．

[7]　**ISO 3534-1**:1993, *Statistics—Vocabulary and symbols—Part 1: Probability and general statistical terms*, International Organization for Standardization (Geneva, Switzerland).

　　注記　この規格は改訂されて，**ISO 3534-1**:2006, *Statistics—Vocabulary and symbols—Part 1: General statistical terms and terms used in probability* となっている．また，一部が **ISO 3534-2**: 2006, *Statistics—Vocabulary and symbols—Part 2*: Applied statistics に移行している．幾つかの用語と定義が改訂されている．

[8]　FULLER, W. A. (1987), *Measurement error models*, John Wiley (New York, N.Y.).

[9]　ALLAN, D.W. (1987), *IEEE Trans. Instrum. Meas.* **IM-36**, 646-654.

[10]　DIETRICH, C. F. (1991), *Uncertainty, calibration and probability*, second edition, Adam-Hilger (Bristol).

[11]　MÜLLER, J. W. (1979), *Nucl. Instrum. Meth.* **163**, 241-251.

[12]　MÜLLER, J. W. (1984), in *Precision measurement and fundamental constants II*, Taylor, B. N., and Phillips, W. D., eds., Natl. Bur. Stand. (U.S.) Spec. Publ. 617, US GPO (Washington, D. C.), 375-381.

192   TS Z 0033:2012 (ISO/IEC Guide 98-3:2008)

[13] JEFFREYS, H. (1983), *Theory of probability*, third edition, Oxford University Press (Oxford).

[14] PRESS, S. J. (1989), *Bayesian statistics: principles, models, and applications*, John Wiley (New York, N. Y.).

[15] Box, G. E. P., HUNTER, W. G., and HUNTER, J. S. (1978), *Statistics for experimenters*, John Wiley (New York, N. Y.).

[16] WELCH, B. L. (1936), *J. R. Stat. Soc. Suppl.* **3**, 29-48; (1938), Biometrika **29**, 350-362; (1947), ibid. **34**, 28-35.

[17] FAIRFIELD-SMITH, H. (1936), *J. Counc. Sci. Indust. Res.* (*Australia*) **9** (3), 211.

[18] SATTERTHWAITE, F. E. (1941), *Psychometrika* **6**, 309-316; (1946) *Biometrics Bull.* **2**(6), 110-114.

[19] **ISO Guide 35**:1989, *Certification of reference materials—General and statistical principles*, second edition, International Organization for Standardization (Geneva, Switzerland).

　　　　注記　この規格は改訂されて，**ISO Guide 35**:2006, *Reference materials—General and statistical principles for certification* となっている．幾つかの用語と定義が改訂されている．

　　　　　　また，**JIS Q 0035**:2008 標準物質—認証のための一般的及び統計的な原則 として制定されている．

[20] BARKER, T. B. (1985), *Quality by experimental design*, Marcel Dekker (New York, N. Y.).

編集注

　TS Z 0033:2012 の本書への収録にあたり，ISO/IEC Guide 98-3:2008 の原文に合わせた以下の修正を行った．

・15 ページ 12 行目

　　修正前：1997 年

　　修正後：1977 年

・43 ページ 4 行目

　　修正前：$u^2(\Delta\overline{V})\,75\,\mu\text{V}^2$，及び $u(\Delta\overline{V})\,8.7\,\mu\text{V}$ を得る．

　　修正後：$u^2(\Delta\overline{V})=75\,\mu\text{V}^2$，及び $u(\Delta\overline{V})=8.7\,\mu\text{V}$ を得る．

・51 ページ 3 行目

　　修正前：$\displaystyle\sum_{i=1}^{N}\sum_{j=1}^{N}\left[\frac{1}{2}\left(\frac{\partial^2 f}{\partial x_i \partial x_j}\right)+\frac{\partial f}{\partial x_i}\frac{\partial^3 f}{\partial x_i \partial x_j^{\,2}}\right]u^2(x_i)u^2(x_j)$

　　修正後：$\displaystyle\sum_{i=1}^{N}\sum_{j=1}^{N}\left[\frac{1}{2}\left(\frac{\partial^2 f}{\partial x_i \partial x_j}\right)^2+\frac{\partial f}{\partial x_i}\frac{\partial^3 f}{\partial x_i \partial x_j^{\,2}}\right]u^2(x_i)u^2(x_j)$

・180 ページ下から 2 行目

　　修正前：$\displaystyle\cdots+\frac{(xz')^2}{12}+\cdots$

　　修正後：$\displaystyle\cdots+\frac{(xz')^2}{24}+\cdots$

第II部

誤差から不確かさへ
—— 不確かさアプローチ概説

第1章　GUM・VIM の発展
── JCGM の活動とその背景

1.1　誤差評価から不確かさ評価へ

1.1.1　測定における不確かさ評価の必要性

　計量計測分野において，概念の共通化が求められる"測定の信頼性"や"用語"に関する国際文書作成の任を担う"計量計測に関するガイド国際合同委員会"(Joint Committee for Guides in Metrology, JCGM) が 1997 年に設置されてから 20 年余りが経過した．JCGM に設けられた二つの作業部会（WG），すなわち，信頼性評価に関する WG1 と，用語に関する WG2 のそれぞれの活動の背景には，"測定不確かさ"(measurement uncertainty) の概念を全面的に導入し，測定の信頼性評価に対する従来からの"誤差アプローチ"(Error Approach, EA) に換えて"不確かさアプローチ"(Uncertainty Approach, UA) の導入を図るという共通の理念があった．

　"測定における不確かさの表現のガイド"(Guide to the expression of Uncertainty in Measurement, GUM) と"国際計量計測用語"(International Vocabulary of Metrology, VIM) の第 2 版（以下 VIM2 と表記）は，共に 1993 年に発行された文書であるが，GUM において測定の不確かさの概念が全面的に導入されたのに対して，VIM2 ではその導入が不十分であった．そこで，VIM2 の改訂とともに GUM（1993 年版の訂正版が 1995 年に発行されている）を補完する幾つかの文書の作成が計画されて JCGM が設置された．その成果として，VIM 第 3 版（以下 VIM3 と表記）が ISO/IEC Guide 99:2007 として，また，GUM が ISO/IEC Guide 98-3:2008 として発行されたことは大きな前進であった．

　VIM3 と GUM を含めて，本書執筆時点までに JCGM が発行した文書を

198   第1章 GUM・VIM の発展

表1.1 に整理する．JCGM が作成する文書は，ISO/IEC ガイドとして出版される以外に，JCGM 固有の文書番号（表1.1 の1列目）が振られた JCGM 文書として国際度量衡局（BIPM）のウェブサイト[*1]から自由にダウンロード可能な形で公開されている．ISO/IEC ガイドと JCGM 文書の内容は同じである．VIM3 と GUM の二つの文書は，日本において，それぞれ標準仕様書 TS Z 0032 及び TS Z 0033 として 2012 年6月に発行され，2015 年に見直し確認された．本書第Ⅰ部に収録した文書は，この TS Z 0033:2012 である．また，本書第Ⅱ部第2章には，JCGM 101, JCGM 102, JCGM 104, JCGM 106 の4文書の概要を紹介した．

　近年は，計量標準の分野だけでなく，適合性評価の分野においても計量計測

表1.1　JCGM によってこれまでに発行された文書

JCGM 文書番号	ISO/IEC ガイド番号 （対応する TS 番号）	内容[*]	発行年[**]
JCGM 100	ISO/IEC Guide 98-3 （TS Z 0033:2012）	GUM	2008 年
JCGM 101	ISO/IEC Guide 98-3/Suppl.1	GUM 補完文書1 （モンテカルロ法）	2008 年
JCGM 102	ISO/IEC Guide 98-3/Suppl.2	GUM 補完文書2 （複数出力量への拡張）	2011 年
JCGM 104	ISO/IEC Guide 98-1	GUM 及び関連文書の 概要の紹介	2009 年
JCGM 106	ISO/IEC Guide 98-4	適合性評価での不確か さの役割	2012 年
JCGM 200	ISO/IEC Guide 99 （TS Z 0032:2012）	VIM 第3版	2007 年

[*]　正式の表題は，本書第Ⅱ部第2章参照．
[**]　発行年は，ISO/IEC ガイドとしての発行年を指す．GUM の初版は 1993 年に発行された．VIM3 については，ISO/IEC Guide 99 が 2007 年に出版され，対応する JCGM 200 が 2008 年に，またその修正版が 2012 年に公開されている．

[*1]　https://www.bipm.org/en/publications/guides/

1.1 誤差評価から不確かさ評価へ 199

トレーサビリティ（metrological traceability）や測定不確かさの概念を取り入れた文書・記録の作成や提示が要求されるようになってきている．例えば，国際規格づくりの指針である ISO/IEC 専門業務用指針 第 2 部（ISO/IEC Directives, Part 2）では，GUM 及び VIM の両方を，ISO/IEC 17025（General requirements for the competence of testing and calibration laboratories）と同様に国際規格文書を作成する際に活用すべき文書として推奨している．

したがって，国家計量標準機関（National Metrology Institute, NMI）をはじめとして校正・試験・検査を実践する組織においては，その理念に則った技術文書及び技術能力を具備することが必須となってきている．また，客観的かつ公正な校正・試験・検査が要求される分野も，従来の物理，電気，化学の分野から生物，臨床医学，環境科学，食品科学へと急速に広がってきている．さらに最近では，基礎科学の分野においても，測定の限界に迫る信頼性の指標としての不確かさの意義が改めて見直されている現実がある．

1.1.2 測定のトレーサビリティと信頼性の表現

"はかる"行為が要求される場合には，対象とする"もの"や"事象"があり，それを量的に捉えることが一般的である．そのために，測定の原理や法則，あるいは約束による手順を明確化して測定システムが構築される．これを用いて測定対象量（measurand）の測定を実施することにより測定値を求め，それを解析・評価して最終的な測定結果が得られる．

具体的に測定を行う際には，測定対象量に関する測定モデルを設定し，それを構成する測定原理や測定方法が決められる．この中で，測定の環境や測定条件を考慮した上で，測定対象物の状況についても把握しておくことが必要である．その測定が，計量標準にさかのぼるための校正なのか，所定の性能を確認する試験なのか，規定値に照らして測定対象物の合否を判定する検査なのかなど，測定の目的によって，測定結果の信頼性に求められる表現方法が異なってくる．校正の場合には，通常，測定不確かさに影響する個々の要因を把握した不確かさバジェット（内訳表）を作成し，信頼の水準と共に総合的な不確かさ

である拡張不確かさを表示することが最終的な表明になる．このような測定の流れの全体を示したものが図 1.1 である．

図 1.1 における測定の流れは理想的な状況を包括的に表したものであるが，目的に応じてこれらを適宜簡略化することは可能である．しかし，最上位に位置付けられる国際計量標準あるいは国家計量標準にまでさかのぼるためには流れの道筋を厳密にたどることが必要であり，このような理念が計量計測トレーサビリティの背景にある．

ここに，校正，試験，及び検査の意味を示す．

・校正（calibration）：測定器又は測定システムによって指示される量の値，若しくは実量器又は標準物質によって表される値と，標準によって実現される対応する値との間の関係を，特定の条件下で確定する一連の作業（不確かさを含む形で表示する）

・試験（testing）：所定の製品，方法又はサービスについて一つ以上の特性を決定する技術的な作業であって，規定された手順に従って行われるもの

・検査（inspection）：製品，方法又はサービスの，所定の要求事項に対する満足度の評価を，観察及び判定，適切な場合には測定，試験又はゲージ点検によって行う適合性評価

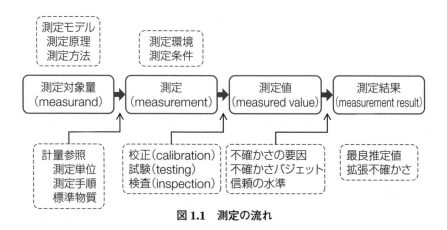

図 1.1　測定の流れ

1.1.3 従来の誤差評価の問題点

不確かさの概念が新たに導入されるようになってきた背景は，次のような3段階に分けることができる．

① 従来からの"誤差アプローチ"に基づく測定の信頼性評価の問題点の指摘

② 新たな方法論としての"不確かさアプローチ"の導入

③ VIM3での概念と用語の整理及びGUMとの整合化

上記①における誤差アプローチはこれまで一般的に受け入れられていた考え方であり，実験から得られる結果に重点を置いて測定の信頼性の評価を実践していた．しかし，評価の中で経験的あるいは計量学的な知見を活用する仕組みが十分ではなかった．誤差アプローチでは，測定の信頼性の表現方法が国や専門技術分野によってまちまちであり，統一されていないことも問題であった．具体的には，次の3点が主な問題点として指摘される．

・誤差評価では，"誤差＝測定値－真の値"と定義しているが，実際に"真の値"を求めることは不可能である．

・偶然誤差と系統誤差を最終的に統合するための，国際的に合意された統一的な合成方法が定められていなかった．

・測定の信頼性を表現する用語の定義が国・地域や専門技術分野によって異なる場合があった．

②の段階における不確かさアプローチの導入は，国際度量衡委員会（CIPM）による勧告[*2]を経て，GUMが発行されたことに始まる．そこでは，不確かさの様々な成分を，タイプA評価（統計的方法によるもの）若しくはタイプB評価（統計的方法以外の方法によるもの）によって評価しておき，最終的に全ての成分を合成するという考え方が導入された．これには，測定の信頼性の総合的な評価を可能とするとの意図があった．評価の過程ではタイプA評価と

[*2] 勧告INC-1(1980)：実験の不確かさの表現(Recommendation INC-1：Expression of experimental uncertainties)．GUMの序文(箇条0)には，勧告INC-1(1980)が転載されている．

タイプ B 評価に便宜上分けているが，最終的に合成する段階では，これらの区別は特段の意味をもたないことに留意する必要がある．すなわち，測定の信頼性を，測定データのばらつきと測定に用いるその他の情報の曖昧さを共に含めた総合的な指標である不確かさとして，定量的に評価することに重要な意義がある．

③の段階は，②を更に発展させて VIM と GUM の概念を整合化させると同時に，測定結果の評価の手順を明確に示して統一的な表現方法を提示することが目的である．ここでは，誤差アプローチから不確かさアプローチへの方法論の転換が明確に示されている．**表 1.2** に，誤差アプローチと不確かさアプローチの具体的な扱い方を比較する．測定データがばらつくことは，従来の誤差アプローチにおいても当然のこととして考慮されてきたが，様々な原因に由来するばらつきを包括的に合成する一貫した手順が明確化されていたわけでない．

不確かさアプローチにおいては，前出の図 1.1 に示すような測定の状況を精査して，ばらつきの主要な要因を網羅的に把握する手順が重要となる．**図 1.2** は，文章表現の際の 4W1H（When：測定時期，Where：試験所，Who：測定者，What：測定機器，How：測定方法・測定条件）と同様に全体像を描くことが求められていることを表している．これは工程管理における特性要因図と同様

表 1.2　誤差アプローチと不確かさアプローチの比較

関連項目	誤差アプローチ	不確かさアプローチ
①真の値	存在を前提として誤差を求める	考慮しない（参考精度）
②ばらつきの指標	標準偏差	標準不確かさ（標準偏差）
③ばらつきの推定と分類	偶然誤差，系統誤差	統計的方法（タイプ A），統計以外の方法（タイプ B）
④ばらつきの合成方法	二乗和の平方根，代数和	二乗和の平方根
⑤信頼の水準の決め方	標準偏差 (σ) の倍数	包含係数 (k)，包含確率
⑥最終的な表現の方法	決定的な方法はない	合成標準不確かさもしくは拡張不確かさ

1.1 誤差評価から不確かさ評価へ

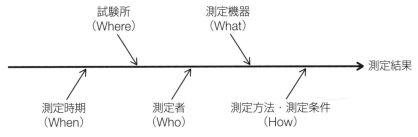

図 1.2　不確かさの 4W1H に関わる特性要因図

のもので，魚の骨図（fish bone diagram）とも呼ばれている．VIM3 においては，4W1H の要素を組み合わせた次のような測定の条件が定義されている．

- 繰返し条件，併行精度条件（repeatability condition）
    同一測定手順，同一オペレータ，同一測定システム，同一操作条件及び同一場所を含む一連の条件，並びに，短時間での同一又は類似の対象についての複数回の測定で構成される測定の条件
- 中間精度条件（intermediate precision condition）
    変化する他の条件を含む可能性があるが，同一の測定手順，同一の場所を含む一連の条件，及び，長時間での同一又は類似の対象の複数回の測定で構成される測定の条件
- 再現条件，再現精度条件（reproducibility condition）
    異なる場所，異なるオペレータ，異なる測定システムを含む一連の条件，及び，同一又は類似の対象についての複数回の測定で構成される測定の条件

これらの条件の違いを 4W1H について整理すると**表 1.3** のようになる．また，VIM3 には，それぞれの条件下での反復測定データのばらつきの指標（精密さ）を表す次の用語が定義されている．

> ・繰返し性，併行精度（repeatability）
>
>   一組の測定の繰返し条件下の測定の精密さ
>
> ・中間精度（intermediate precision）
>
>   一組の測定の中間精度条件下の測定の精密さ
>
> ・再現性，再現精度（reproducibility）
>
>   測定の再現条件の下での測定の精密さ

　ここで，"精密さ"とは反復測定によって得られる測定値の間の一致の度合いを表す．これらの用語は，ISO/TC 69（統計的方法の適用）専門委員会により作成された ISO 5725 シリーズを踏襲したもので，いわゆるタイプ A 評価に基づく不確かさの概念を整理するものである．

　一方，タイプ B に相当する不確かさの成分は，入手可能な既存の情報や経験的知識を用いて評価されるもので，例えば次のような情報が用いられる．

- ・校正証明書の記載
- ・ハンドブック等文献データ
- ・過去の測定データ
- ・論文や技術文書等の記録
- ・測定器メーカの仕様書
- ・過去のタイプ A 評価で得られた不確かさ

表 1.3　測定の 4W1H を組み合わせた測定の条件

4W1H の要素	組合せ条件		
	繰返し条件	中間精度条件	再現条件
測定手順（How）	○	○	
測定者（Who）	○		×
測定システム（What）	○		×
測定場所（Where）	○	○	×
測定時間（When）	短時間	長時間	

　表中で，○は同一であること，×は異なること，空白は指定されないことを示す．

1.1.4 国際計量計測用語（**VIM**）の進化

JCGM は，GUM を補完する文書類の編集を担当する WG1 と，VIM の改訂を担当する WG2 の二つの作業部会（WG）で構成される国際合同委員会として憲章が定められ，BIPM を事務局として，現在は 8 国際機関[*3] の協力で運営されている．**表1.4** に，JCGM が設置された 1997 年以降の活動をまとめる．ここ数年は，WG ごとに年に 2 回程度の会議が，また二つの WG を総括・管理する JCGM 親委員会が年に 1 回開催されている．JCGM 親委員会には参加 8 機関の代表が，また，それぞれの WG には参加機関と主要な国家計量標準機関からの専門家が出席して，主として BIPM において会議を開催している．

JCGM の重要な成果としては，VIM3 及び GUM をはじめとする JCGM 文書（表 1.1 参照）を ISO/IEC ガイドとして発行したことがある．これにより，VIM 及び GUM のいずれもが国際的なガイド文書として明確に位置付けられた．

"不確かさ"という用語は VIM1 から導入されているが，VIM3 までに進化が見られる．**表1.5** は，"不確かさ"の定義の変遷を VIM1 から VIM3 にわたり示したものであるが，誤差論からの脱却の様子がうかがえる．すなわち，VIM1 においては従来の誤差論との分離ができておらず，真の値との関係で定義していた．それが VIM3 では，測定対象量（measurand）に帰属する量の値のばらつきを特性付けるパラメータとして，真の値という不可知量を含まない定義となっている．

ただし，このパラメータは，実際には標準偏差の指定倍数（1 ～ 3）で表記することが一般的で，その際，信頼性を示す包含確率を伴わなければならないとしているように，従来の誤差論から完全に乖離しているわけではない．すなわち，誤差論の中で用いられていた考え方は不確かさ評価の中でも部分的に利用されている．

[*3] BIPM：国際度量衡局，IEC：国際電気標準会議，IFCC：国際臨床化学連合，ILAC：国際試験所認定協力機構，ISO：国際標準化機構，IUPAC：国際純正・応用化学連合，IUPAP：国際純粋・応用物理学連合，OIML：国際法定計量機関．

第 1 章 GUM・VIM の発展

表1.4 JCGM 活動の略年表（1997-2017）

西暦年号	主な活動	備考
1984	VIM1 の発行	BIPM, ISO, IEC, OIML（4 組織）
1993	VIM2 及び GUM の発行 （1995：初版の訂正版）	IUPAC, IUPAP, IFCC 加盟（7 組織）
1997	JCGM 設置：ISO/TAG 4 → JCGM への継承	JCGM 親委員会①
1998		JCGM 親委員会②
1999	CIPM-MRA 署名開始	メートル条約の枠内
2004	VIM3 原案編集・回付	
2005	同上対応意見の収集	JCGM 親委員会③ ILAC 正式加盟
2006	GUM/Suppl.1 原案編集・回付	JCGM 親委員会④
2007	VIM3 の発行（ISO/IEC Guide 99） GUM/Suppl.1 編集終了	JCGM 親委員会⑤ ILAC 正式参入（8 組織）
2008	GUM 本体の ISO/IEC Guide 98-3 としての 発行 GUM/Suppl.1（Guide 98-3/Suppl.1）の発行	JCGM 親委員会⑥
2009	ISO/IEC Guide 98-1 の発行 （GUM 関連の紹介）	JCGM 親委員会⑦
2010	VIM3 訂正版の発行（ISO/IEC Guide 99）	JCGM 親委員会⑧
2011	GUM/Suppl.2（Guide 98-3/Suppl.2）の発行	JCGM 親委員会⑨
2012	ISO/IEC Guide 98-4 の発行 （適合性評価への適用）	JCGM 親委員会⑩
2013	GUM 20 年記念ワークショップ （BIPM 主催，NPL において開催）	JCGM 親委員会⑪
2014	GUM 改訂案の作成→コメント回収：2015.4.3	JCGM 親委員会⑫
2015	WG1 及び WG2 活動の見直し → GUM2 及び VIM4 に向けて： 　ワークショップ，BIPM	JCGM 親委員会⑬
2017		JCGM 親委員会⑭

1.1 誤差評価から不確かさ評価へ

表 1.5 VIM における "不確かさ" の定義の変遷

VIM1 (1984 年)	VIM2 (1993 年)	VIM3 (2007 年)
測定対象量の真の値が存在する範囲を特徴付ける推定値	測定の結果に付随した, 合理的に測定対象量に結び付けられ得る値のばらつきを特徴付けるパラメータ	用いる情報に基づいて, 測定対象量に帰属する量の値のばらつきを特徴付ける負ではないパラメータ

VIM3 における不確かさの意味をより詳細に把握するため, その定義に付加されている注記 (TS Z 0032:2012 を一部改変) を以下に引用しておく.

注記1 不確かさは, 補正及び測定標準に付与された値に付随する成分のような, 系統効果から生じる成分, 及び定義の不確かさを含む. 推定した系統効果を補正せず, 代わりにそれに関連する不確かさの成分を含める場合がある.

注記2 パラメータとは, 例えば, 標準不確かさと呼ばれる標準偏差 (又はその指定倍量), 又は明示された包含確率をもつ区間の幅の半分などである.

注記3 不確かさは, 一般に多くの成分からなる. そのうち幾つかの成分は, 不確かさのタイプ A 評価に基づき, 一連の測定により得られる量の値の統計的な分布から評価され, 標準偏差によって特徴付けることができる. その他の成分は, 不確かさのタイプ B 評価に基づき, 経験又はその他の情報に基づく確率密度関数から評価され, これも標準偏差によって特徴付けることができる.

注記4 一般に, ある与えられた一組の情報に対して, 不確かさは, 報告される測定値に付随すると理解される. 違う測定値を報告する場合, 付随する不確かさも変わる.

208   第 1 章　GUM・VIM の発展

　VIM3 では，不確かさに関連する幾つかの用語が新たに採用され，GUM と
の整合化が図られている．GUM と VIM の間で逐次的に整合化が図られた概
念の例として，"計量計測トレーサビリティ"(metrological traceability) の
VIM1 から VIM3 までの定義内容の変遷を**表 1.6** に示す．計量計測トレーサビ
リティは，VIM1 及び VIM2 までは単にトレーサビリティ (traceability) と称
していた．しかし近年の工業製品や食品の素材等に関して用いられているト
レーサビリティの用語が単に時系列的な履歴管理の意味に用いられているため，
これと区別して階層的な遡及性の意味も含める意図で，計量計測（metrologi-
cal) の修飾語を付加したものである．

　VIM2 では，VIM1 になかった不確かさの概念が導入されたが，トレーサビ
リティは"比較の連鎖"とされていた．VIM3 においては，計量計測トレーサ
ビリティが"校正の連鎖"として位置付けられ，本来の測定不確かさの意義が
明確になった．

　以下に，VIM3 における計量計測トレーサビリティの定義とその注記（TS Z
0032:2012) を引用しておく．

表 1.6　VIM におけるトレーサビリティの定義内容の変遷

定義の内容	VIM1	VIM2	VIM3
測定結果	○	○	○
国家標準へのつながり	○	○	
計量参照*へのつながり			○
比較の連鎖	○	○	
校正の連鎖			○
不確かさの記述		○	○

*計量参照：単位の定義，測定標準，標準測定手順，標準物質などを意味する．

計量計測トレーサビリティ（**metrological traceability**）

個々の校正が測定不確かさに寄与する，文書化された切れ目のない校正の連鎖を通して，測定結果を計量参照に関連付けることができる測定結果の性質．

注記 1　この定義では，'計量参照'は，実際に具現化された測定単位の定義，順序尺度量でない量の測定単位を含む測定手順，又は測定標準のいずれともなり得る．

注記 2　計量計測トレーサビリティには，確立された校正階層が必要である．

注記 3　計量参照の仕様には，校正階層を確立する際にこの計量参照を用いた時期のほかに，校正階層の中で最初の校正をいつ行ったかなど，計量参照に関連する他の計量計測情報を含めなければならない．

注記 4　測定モデルで入力量が複数ある測定の場合，各入力量の値はそれ自体が計量計測トレーサビリティをもつことが望ましく，関係する校正階層は分岐構造やネットワークを形成していてもよい．各入力量の値の計量計測トレーサビリティを確立するために必要となる作業は，測定結果に対する相対的寄与に対応したものであることが望ましい．

注記 5　測定結果の計量計測トレーサビリティは，測定不確かさが与えられた目的に対して十分であること，又は誤りがないことを保証するものではない．

注記 6　二つの測定標準の比較が，測定標準の一方に帰属する量の値及び測定不確かさを確認し，必要ならば補正するために行われる場合には，その比較を校正とみなしてよい．

注記7 ILAC は，計量計測トレーサビリティを確認するための
要素を，国際測定標準又は国家測定標準に至る切れ目の
ない計量計測トレーサビリティの連鎖，文書化された測
定不確かさ，文書化された測定手順，認定された技術能
力，SI への計量計測トレーサビリティ，及び校正周期，
と考えている（ILAC P-10:2002 参照）．

注記8 "トレーサビリティ"という略語は，'計量計測トレーサ
ビリティ'の意味で用いられる以外に，あるアイテムの
"履歴（trace）"を意味する場合は，'試料のトレーサビ
リティ'，'文書のトレーサビリティ'，'機器のトレーサ
ビリティ'，又は'物質のトレーサビリティ'といった
他の概念の意味でも用いられる．したがって，混同する
可能性がある場合には，略語でない"計量計測トレーサ
ビリティ"を使用することが望ましい．

　我が国では，トレーサビリティの一部は計量法に基づく計量標準供給制度
（JCSS）の中で運用されている[*4]．**図 1.3** に，JCSS におけるトレーサビリティ
の体系を示す．図 1.3 において現場の測定結果から上位の標準に順次さかの
ぼっていくと，不確かさの大きさは裾野から頂点に至るに従って小さくなる不
確かさピラミッドとして模式化することができる．

　VIM3 には，先に図 1.2 に関連して述べた測定条件や測定の精密さに関わる
用語を含む幾つかの用語や，不確かさの大きさを区間として表記するための
"包含区間"や"包含確率"などの用語が新たに導入されている．これらの用
語には GUM で定義されていないものもあり，今後の整合化が待たれる．

　なお，VIM を翻訳して TS Z 0032 とする際の日本語訳に関しては，次のこと

[*4] JCSS の制度は，上述の計量標準供給制度と校正事業者登録制度（登録を受けようとす
る校正事業者が，計量法関係法規や ISO/IEC 17025 の要求事項に適合するかどうかを第
三者機関が審査する制度）の二本柱からなっている．

1.1 誤差評価から不確かさ評価へ

が留意された.
- すでに存在する幾つかの JIS 用語との整合を極力図る.
- しかし,同じ英語の用語の日本語訳として複数が存在することがある.
- そこで,競合をできるだけ避けるために,複数の日本語訳を容認するが,その場合には優先順位を示すこととする.

1.1.5 誤差アプローチと不確かさアプローチ

測定の信頼性に影響を及ぼす要因は,次のように分類することができる.
- 測定系そのものに関わる知識の不足に起因するもの
- 測定系の構成の不完全さに起因するもの
- 測定対象の不安定性や分布に起因するもの

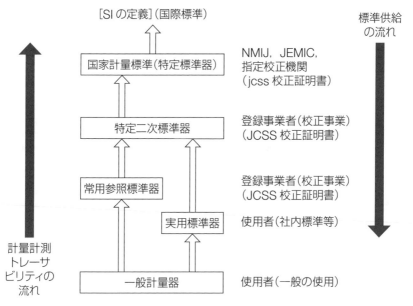

図 1.3 JCSS におけるトレーサビリティの体系

注:上記の計量学的トレーサビリティ体系は,いずれの階層(国家,二次,常用参照,実用等)においても標準が存在する場合を想定しているが,ある階層で存在しない場合には,その上の階層に直接つながる場合も容認する.

・測定機器の測定条件や測定環境への依存性に起因するもの
・読み取り方法の特性に起因するもの

　誤差アプローチにおいてこれらの要因に関連する用語はVIM3にも含まれているが，これらの用語は不確かさアプローチにおいても考慮されるものとして，それぞれの定義を確認しておく必要がある．これらは，1.1.3で述べた"繰返し性"，"中間精度"，"再現性"などの用語である．いずれも精密さ（precision）という概念の範ちゅうにあり，実験に基づいて統計的に評価するいわゆるタイプA評価による不確かさの成分に相当するものである．

　誤差アプローチでは，一般に測定誤差を系統誤差（systematic error）と偶然誤差（random error）に分類する．ここで系統誤差とは，測定値全体に一定の"かたより"（その大きさを把握できるものとできないものがある）をもたらす誤差であり，偶然誤差とは因果関係が把握できない要因が一般には幾つか重なって測定値に不規則な"ばらつき"を与える誤差である．

　図1.4は，誤差アプローチと不確かさアプローチのそれぞれの評価の考え方

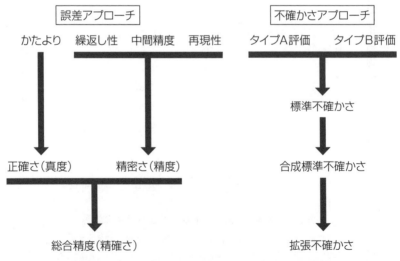

図1.4　誤差アプローチと不確かさアプローチの比較

を比較したものである．図の左半分は，誤差アプローチにおける誤差成分の合成の代表的な考え方を示す．すでに述べたように，誤差アプローチの主要な問題として，かたよりとばらつきを合成して測定結果の総合的な良さ（悪さ）を表現する統一的な方法論が得られていないこと，及び不可知量である真の値が求められなければかたより（trueness の尺度）をその定義とおりに評価することができないという問題があった．

　一方，不確かさアプローチでは，図 1.4 の右半分に示したように，評価の方法を統計的方法によるタイプ A 評価とそれ以外の方法によるタイプ B 評価に分けた．不確かさの成分を，その性質でなく，評価方法で分類することにより，真の値という不可知量を評価手続きの中にもち込むことが避けられる．また，これらを合成する際には，評価方法のタイプによらず同等に扱うこととした．このようにして，評価の手続きの全体を操作主義的に規定することにより，誤差アプローチに伴う問題点を解消している．

1.1.6　国際的に求められる不確かさの評価

　GUM に基づく不確かさが実際に活用された初期の例は，計量標準の国際比較であった．その流れから 1999 年のメートル条約における CIPM-MRA（計量標準の国際相互承認協定）への署名開始に始まる JCRB（Joint Committee of Regional metrology organizations and the BIPM）での議論を経て，CIPM-MRA の附属書 C（Appendix C）の中へ不確かさが次のように導入された．

Appendix C　Quantities for which calibration and measurement certificates are recognized by institutes participating in part two of the agreement. The quantities, ranges and calibration and measurement capabilities expressed as an uncertainty (normally at a 95% level of confidence) are listed for each participating institute.

214   第1章　GUM・VIM の発展

　ここでは，計量標準の国際比較に参加する各国家計量標準機関の校正・測定
能力（Calibration and Measurement Capability, CMC）を，通常95％の信頼の
水準に対応する拡張不確かさで表現するとしている．このような考え方は，国
家計量標準の基幹国際比較の結果を登録する BIPM の基幹比較データベース
（Key Comparison Data Base, KCDB）や臨床検査医学におけるトレーサビリ
ティ合同委員会（Joint Committee for Traceability in Laboratory Medicine, JCT-
LM）のデータベースにも適用されている．同様の要求事項が国際法定計量機
関（OIML）の国際相互受入取決め（Mutual Acceptance Arrangement, MAA）
や国際試験所認定協力機構（ILAC）の国際相互承認協定（Mutual Recognition
Arrangement, MRA）においても取り上げられており，トレーサビリティと共
に不確かさの表明が重要視されていることが分かる．

　その後，貿易や取引・証明，更に科学的・社会的信用性の表明や，環境や人間
の健康に関する安全・安心の確保のために，ISO 9000 シリーズ，ISO/IEC 17025
（適合性評価関連），ISO 15189 及び ISO 15195（臨床検査関連），ISO 22000（食品
関連），ISO Guide34（標準物質関連）などにおいても，トレーサビリティの確
保と不確かさの明記が要求されている．また，ILAC や EURACHEM（化学分野
でのトレーサビリティの確立を目的とする欧州機関のネットワーク）の文書に
おいても同様な要求の記述が盛り込まれている．

　ISO 9001:2015 では，7.1.5.2 "測定のトレーサビリティ" の中に次のような
記載がある．

　測定のトレーサビリティが要求事項となっている場合，又は組
織がそれを測定結果の妥当性に信頼を与えるための不可欠な要素
とみなす場合には，測定機器は，次の事項を満たさなければなら
ない．
a) 定められた間隔で又は使用前に，国際計量標準又は国家計量
標準に対してトレーサブルである計量標準に照らして校正若しく
は検証，又はそれらの両方を行う．そのような標準が存在しない

1.1 誤差評価から不確かさ評価へ

> 場合には，校正又は検証に用いたよりどころを，文書化した情報
> として保持する．

　試験所・校正機関の適合性評価に関わる ISO/IEC 17025:2005 では，技術的要求事項（箇条5）において，試験・校正の方法及び方法の妥当性確認，測定のトレーサビリティと共に，試験・校正結果の品質の保証，結果の報告が必須とされている．

　臨床検査に関わる ISO 15189:2012 や ISO 15195:2003 の箇条5の特定の要求事項の解釈の中では，検査方法の妥当性確認，測定のトレーサビリティ，測定の不確かさの推定方法などが記されている．

　計量標準を必要とする分野の広がりとともに，環境や生体を扱う分野での問題として，測定対象をモデル化することの困難さが指摘されている．このような分野では，測定の数学的モデルを構築し，これを用いて不確かさの様々な成分を積み上げるボトムアップ的な評価が困難な場合がある．そのような場合には，先に述べたいわゆる 4W1H の要因を包括的に取り上げた再現条件の下でトップダウン的に測定結果の再現性を評価し，その再現標準偏差をもって合成標準不確かさに代わるものとしようとする考え方がある．このような考え方を提示した規格や技術仕様書として，次のものがある．

- ・ISO 21748:2017（JIS Z 8404-1:2018）
  測定の不確かさ─第1部：測定の不確かさの評価における併行精度，再現精度及び真度の推定値の利用の指針
- ・ISO/TS 21749:2005（JIS Z 8404-2:2008）
  測定の不確かさ─第2部：測定の不確かさの評価における繰返し測定及び枝分かれ実験の利用の指針
- ・ISO 13528:2005（JIS Z 8405:2008）
  試験所間比較による技能試験のための統計的方法

このような方法を利用する場合でも，関連する原理・方式などに起因する計量学的な要因の影響にも配慮した上での総合的な不確かさ評価が必要である．

1.2 不確かさアプローチとその背景

1.2.1 GUM 及び関連文書の編集

測定のトレーサビリティの表明，すなわち計量標準を明確にして，測定された結果がそれにいかに正しく遡及可能かを表明することが，国際比較や適合性評価分野での要求事項として国際的に定着してきた.

しかし，1993年のGUM導入の当初には，不確かさアプローチには，従来の誤差アプローチに対応するような理論的な裏付けが確立されていないという批判があった. このため，GUMを補完するための文書づくりが1997年頃からJCGMのWG1において検討され，合計4件のGUM補完文書（Supplement）の起草が計画されていた. その後2005年11月に開催されたJCGM親委員会（JCGM親委員会は1998年以降2004年まで開催されなかった）において，全体の進捗状況の把握，関連文書発行の可能性及び文書番号の確認を行った. さらに，2006年10月のWG1会議及び11月のJCGM親委員会において，将来的にはGUM自体の改訂が必要であることを決議した. しかし，当時はGUM補完文書や関連文書を編集中であったので，当面はそれらの進捗状況を見守る必要があることも認識した. これらJCGM親委員会の決議を契機にして，WG1としては改めて作業内容及びJCGM加盟の8国際組織並びにメートル条約加盟国の国家計量標準機関からの要望も含めて慎重に審議した. その結果，WG1で扱う文書を，Ⅰ：GUM本体及びGUM補完文書，Ⅱ：GUM関連文書（基礎），Ⅲ：GUM関連文書（応用）に大別するとともに，作成の優先順位を考慮して作業を進めることとした.

1.2.2 標準不確かさのタイプ A 評価とタイプ B 評価

すでに述べたように，GUMでは測定結果の信頼性を包括的に表現するパラメータとして測定の不確かさを導入している. そして，不確かさの評価方法を次の二つに分類している.

　　・タイプA評価：一連の測定値の統計的解析による不確かさの評価の方

1.2 不確かさアプローチとその背景   217

法

・タイプB評価：一連の測定値の統計的解析以外の手段による不確かさ
の評価の方法

タイプA評価では，ある量 Q に対する反復測定で得られる互いに独立な n
個の測定値 q_k を利用する．量 Q の値に対する最良推定値は，q_k の平均

$$\overline{q} = \frac{1}{n} \sum_{k=1}^{n} q_k \quad \cdots\cdots\cdots\cdots\cdots\cdots\cdots\cdots\cdots\cdots\cdots\cdots\cdots\cdots\cdots\cdots\cdots\cdots\cdots \quad (1)$$

によって与えられる．また個々の測定値 q_k のばらつきの大きさは，実験標準
偏差

$$s = \sqrt{\frac{1}{n-1} \sum_{k=1}^{n} (q_k - \overline{q})^2} \quad \cdots\cdots\cdots\cdots\cdots\cdots\cdots\cdots\cdots\cdots\cdots\cdots \quad (2)$$

によって表すことができる．もし単一の測定値 q_k を最終的な測定結果とする
ならば，その標準不確かさ $u(q_k)$ は s をそのまま用いて

$$u(q_k) = s \quad \cdots\cdots\cdots\cdots\cdots\cdots\cdots\cdots\cdots\cdots\cdots\cdots\cdots\cdots\cdots\cdots\cdots\cdots\cdots \quad (3)$$

とすればよい．しかし通常は Q の値の最良推定値である $\overline{q}$ を測定結果とする
であろう．n 個の測定値の平均 $\overline{q}$ の背後に想定される母集団の標準偏差は，単
独測定値 q_k の背後に想定される母集団の標準偏差の $1/\sqrt{n}$ 倍であることから，
測定結果 $\overline{q}$ の標準不確かさ $u(\overline{q})$ は次のように評価できる．

$$u(\overline{q}) = \frac{s}{\sqrt{n}} \quad \cdots\cdots\cdots\cdots\cdots\cdots\cdots\cdots\cdots\cdots\cdots\cdots\cdots\cdots\cdots\cdots\cdots \quad (4)$$

これがタイプA評価の基本となる式である．なお，測定の反復として前出の
表1.3 に挙げたものを含む様々な条件下での反復を考慮する場合には，それぞ
れの条件に対応する実験標準偏差は一般に異なるため，どのような実験計画に
よってそれぞれの実験標準偏差を求めるかにも配慮する必要が生じる．これに
ついては，本章1.1.6 の最後に挙げた文献が参考になる．

タイプB評価では，量 Q の推定値 q とその標準不確かさ $u(q)$ を，Q に関し
て利用可能な情報に基づく科学的判断によって評価することになる．本章1.1.3
に，利用可能な情報としてどのようなものがあるかを挙げた．このような情

218　　　　第1章　GUM・VIM の発展

は，しばしば，"Q の取り得る値が，ある区間 (a_-, a_+) の範囲内にある" という形式で与えられる．それ以外の情報がない場合，Q はこの区間内のどこにでも同じ確率で存在する（Q の値がこの区間内の一様分布に従う）と仮定することができる．このとき Q の推定値 q は区間の中点 $(a_- + a_+)/2$ とする．また，この分布の半幅 $(a_+ - a_-)/2$ を a とすると，一様分布の標準偏差が $a/\sqrt{3}$ であることから，q の標準不確かさは次で与えられる．

$$u(q) = \frac{a}{\sqrt{3}}$$ ·· (5)

このように，利用可能な情報に基づいて量 Q の可能な値に対する確率分布をまず想定し，その標準偏差として標準不確かさを求めるのがタイプ B 評価の一般的な手順である．計量計測分野や適合性評価分野では，確率分布としてしばしば上のような一様分布が利用される．ただし，一様分布がタイプ B 評価で用いる唯一の確率分布というわけではない．

1.2.3　測定モデルと不確かさの合成

　一般に，測定対象量 Y は直接的には測定せず，他の量 $X_1, X_2, \ldots, X_N$ から何らかの関数関係 f によって次のように決定することが多い．

$$Y = f(X_1, X_2, \ldots, X_N)$$ ··· (6)

この式を測定の数学モデル，あるいは単に測定モデルという．天秤の指示値から風袋の値を引いて品物の質量を求める，質量の測定値と密度の文献値から体積を求める，分析機器で得られるスペクトルのピーク面積と検量線から物質濃度を定量する，などは全て測定モデルとして表現できる．また，質量測定における浮力補正や事前の校正結果に基づいて測定器の指示値に対する補正を行う場合のように，測定の中でかたよりの補正が可能な場合も，測定モデルの中で補正を表現できる．測定器の指示値 X をそのまま測定結果 Y とする場合，測定モデルは $Y = X$ と単純になる．また，測定モデルを具体的な数式として表現しにくい場合でも，形式的に式（6）のように書いておくとよい．f の形が不明であっても，その偏微分 $\partial f / \partial X_i$ の値は実験的若しくは数値的に求めることが

1.2 不確かさアプローチとその背景   219

可能な場合が多く，その場合次に述べる伝ぱ則を利用することができる.

　入力量X_iに対して，実際に測定を行うか，若しくは何らかの外部情報を用いてその測定値x_iを求める．これらの値を上式の右辺に代入することにより，測定対象量Yに対する測定結果yが次のように求まる．

$$y = f(x_1, x_2, ..., x_N) \quad\cdots\cdots\cdots\cdots\cdots\cdots\cdots\cdots\cdots\cdots\cdots\cdots (7)$$

また，この式から不確かさの伝ぱ則と呼ばれる次の式が導かれる．

$$u_c^2(y) = \sum_{i=1}^{N} \left(\frac{\partial f}{\partial x_i}\right)^2 u^2(x_i) \quad\cdots\cdots\cdots\cdots\cdots\cdots\cdots\cdots (8)$$

$u_c(y)$は測定結果yの標準不確かさで，この式の右辺に従って合成して求めることから合成標準不確かさと呼ばれている．右辺の標準不確かさ$u(x_i)$は，上に述べたタイプA評価若しくはタイプB評価により求められる．伝ぱ則 (8) は，タイプA評価かタイプB評価かに関わらず，全ての不確かさ成分を伝ぱ則に従って同じように扱うことを示しており，これが不確かさアプローチの一つの特徴といえる．なお，入力量の間に相関がある場合，伝ぱ則 (8) の右辺に相関係数を含む項が付け加わる．

　最終的な不確かさは，合成標準不確かさ$u_c(y)$として，若しくはこれに一定の係数k（包含係数）をかけた拡張不確かさ$U = ku_c(y)$として報告する．包含係数の値としてはしばしば$k = 2$が採用される．測定値yの周りの区間$y \pm U$は，合理的に測定対象量に結び付けられ得る値（測定対象量の値とみなしても不合理ではない値）の分布の大部分（この割合を包含確率という）を含むことが期待される．分布が正規分布と想定できる場合，包含係数$k = 2$は，約95%の包含確率を与える．

1.2.4　不確かさ評価の流れ

　GUMにより推奨されている不確かさの解析・評価の流れを具体的に順序立てて示すと，次のようなステップに整理することができる．

〈準備段階〉 測定プロセスの明確化

　測定の原理や測定方法，校正方法，測定装置，測定手順などを簡潔に記述し，

明確化する.

〈ステップ1〉 測定モデルの構築
(a) 測定モデルを書き下す.
(b) 入力量のそれぞれについて,不確かさの要因を列挙する.一つの入力量について複数の要因が存在することがある.

〈ステップ2〉 測定の実施
(a) 各入力量の測定値(推定値)を測定,若しくは入手可能な情報に基づいて決定する.
(b) それらを測定モデルに代入し,測定対象量 Y の最良推定値 y を求める.

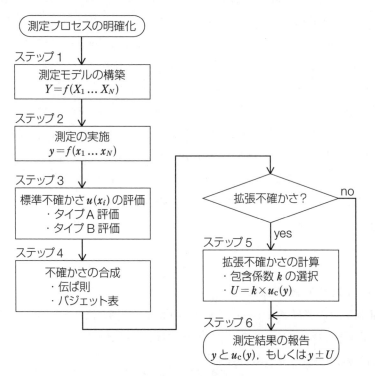

図1.5 不確かさ評価の流れ

1.2 不確かさアプローチとその背景 221

〈ステップ3〉 標準不確かさの評価

各入力量の標準不確かさをタイプA評価，あるいはタイプB評価によって求める．一つの入力量に複数の不確かさ要因があるときは，要因ごとの不確かさを二乗和の形で合成する．

〈ステップ4〉 不確かさの合成

不確かさの伝ぱ則を利用して合成標準不確かさを計算する．このとき各不確かさ成分と合成の計算を整理した不確かさバジェットを作成しておくとよい．

〈ステップ5〉 拡張不確かさの計算

拡張不確かさが必要な場合には，包含係数 k を選択し，$k \times$ 合成標準不確かさから拡張不確かさを計算する．一般に k は2〜3の間で選ばれる．標準偏差の2倍ないし3倍という考え方に相当する．

〈ステップ6〉 測定結果の報告

測定値 y と合成標準不確かさ $u_c(y)$，若しくは測定値 y と拡張不確かさ U により測定結果を報告する．拡張不確かさを用いる場合，$y \pm U$ という区間として報告することが多い．この際，包含係数 k の値は必ず明記する．

不確かさ評価の流れは**図 1.5** のように表すことができる．GUM は，この各ステップの手順を詳細に解説している．参考のため，GUM の構成を次に示す．

〈GUM の構成〉

1 適用範囲

2 定義

3 基本概念

4 標準不確かさの評価

5 合成標準不確かさの決定

6 拡張不確かさの決定

7 不確かさの報告

8 不確かさの評価と表現の手順のまとめ

附属書 A　作業部会及び CIPM の勧告

附属書 B　一般計測用語

附属書 C　基礎統計用語及び概念

附属書 D　"真の"値，誤差及び不確かさ

附属書 E　勧告 INC-1（1980）の動機と基礎

附属書 F　不確かさ成分の評価のための実際の手引き

附属書 G　自由度と信頼の水準

附属書 H　事例

附属書 J　主な記号の解説

参考文献

1.2.5　国際計量計測用語（VIM）との連携

　GUM と VIM に関しては，JCGM の二つの WG の間で互いに連携をとりながら活動しているものの，それぞれの文書の発行年の関係で，用語や定義について完全には一致していないものがある．VIM3 では，不確かさに関して，GUM では定義されていない（ただし多くについて説明はされている）幾つかの用語が採用されている．このような用語として次がある．

　　　・定義による不確かさ（definitional uncertainty）

　　　・不確かさバジェット（uncertainty budget）

　　　・目標不確かさ（target measurement uncertainty）

　　　・機器による不確かさ（instrumental measurement uncertainty）

　　　・ヌル測定不確かさ（null measurement uncertainty）

　　　・包含区間（coverage interval）

　　　・包含確率（coverage probability）

　1997 年に JCGM の活動が開始された当時は，GUM の内容をいかに解釈し広報するかということに主眼が置かれていた．その後，測定の信頼性に対する不確かさアプローチが広く浸透して，従来の誤差アプローチに代わる方法論として定着しつつあることから，WG2 が扱う VIM の改訂に際しても不確かさア

プローチを導入することが重要と認識されることとなった．VIM3 の編集はこのような背景のもとに進められ，GUM 関連文書の発行に先駆けて VIM3 が ISO/IEC Guide 99:2007 として発行された．また上のような経緯から，GUM を担当する WG1 と VIM を担当する WG2 は，密接な連携を保ちつつ慎重に調整を進めている．

1.2.6　今後発行予定の JCGM 文書

執筆時現在，JCGM において発行を予定している文書として次のものがある．

(1) JCGM 103: Supplement 3 to the "Guide to the expression of uncertainty in measurement" —Modelling（モデリング）

　　GUM 補完文書の一つとして作成予定の，測定モデルの構築のためのガイドである．本来は，最初に発行されるべき文書であるが，後から提案されたために原案作成がなお進行中である．原案の完了時期として 2018 年末が予定されている．

(2) JCGM 105: Concepts, principles and methods for the assessment of measurement uncertainty（測定不確かさの評価に関する概念，原理及び手法）

　　不確かさアプローチの基礎原理を解説しようとするもので，これも初期に発行されるべき文書であったが，現在，原案を作成中である．近々にコメントを求めるための関係機関への回付がなされるであろう．

(3) JCGM 107: Applications of the least-squares method（最小二乗法の利用）

　　最小二乗法を不確かさ評価の中でどのように利用できるかを解説しようとするもので，広い応用範囲が期待される文書であるが，原案作成が遅れている．

(4) JCGM 109: Inter-Laboratory Comparison（試験所間比較に関する統計的手法に関する文書）

　　新たに編集が企画された文書であるが，必要性が高いものとして完成が急がれている．

これらの発行予定文書を含めて GUM に関わる JCGM 文書は，すでに述べ

たⅠからⅢの分類の中に次のように位置付けられている.

Ⅰ：GUM 本体及び GUM 補完文書
- JCGM 100（GUM 本体）
- JCGM 101（モンテカルロ法）
- JCGM 102（複数の出力量への拡張）
- JCGM 103（モデリング）

Ⅱ：GUM 関連文書（基礎）
- JCGM 104（GUM 及び関連文書の概要の紹介）
- JCGM 105（概念，原理及び手法）

Ⅲ：GUM 関連文書（応用）
- JCGM 106（適合性評価への応用）
- JCGM 107（最小二乗法の利用）

分類のⅠは，不確かさの評価方法に直接関わる文書群である．また，分類のⅡは GUM の理解を容易にするための文書群，分類のⅢは不確かさ評価の応用や不確かさ評価の中で利用可能な統計学的手法に関わる文書群である．

第2章　GUM に関わる JCGM 文書の紹介

この章では，JCGM がこれまでに発行した次の 4 件の GUM 関連文書について，それぞれの内容を簡単に紹介する．

(1) JCGM 101:2008（ISO/IEC Guide 98-3/Supplement 1:2008 と同等）

Evaluation of measurement data ― Supplement 1 to the "Guide to the expression of uncertainty in measurement" ― Propagation of distributions using a Monte Carlo method（モンテカルロ法を用いた分布の伝ぱ）

(2) JCGM 102:2011（ISO/IEC Guide 98-3/Supplement 2:2011 と同等）

Evaluation of measurement data ― Supplement 2 to the "Guide to the expression of uncertainty in measurement" ― Extension to any number of output quantities（複数の出力量がある場合への拡張）

(3) JCGM 104:2009（ISO/IEC Guide 98-1:2009 と同等）

Evaluation of measurement data ― An introduction to the "Guide to the expression of uncertainty in measurement" and related documents（"測定における不確かさの表現のガイド"及び関連文書の紹介）

(4) JCGM 106:2012（ISO/IEC Guide 98-4:2012 と同等）

Evaluation of measurement data ― The role of measurement uncertainty in conformity assessment（適合性評価における測定不確かさの役割）

226   第2章　GUM に関わる JCGM 文書の紹介

2.1　JCGM 101:2008
（ISO/IEC Guide 98-3 / Supplement 1:2008）

GUM Supplement 1：Propagation of distributions using a Monte
Carlo method（モンテカルロ法を用いた分布の伝ぱ）

（1）概　　要

　本文書は，不確かさの伝ぱ則に代わるモンテカルロ法を用いた数値的な確率
分布の伝ぱに基づく不確かさの合成方法を紹介している．

　GUM に基づいた不確かさ評価の枠組み［本文書はこれを GUF（GUM Uncertainty
Framework）と呼んでいる］では，不確かさの伝ぱ則を用いて標準
不確かさを合成する．この不確かさの伝ぱ則は，測定モデルにテイラー展開の
一次までの近似を適用した後，一次式に対して成立する分散の加法性を利用し
て導出されている．すなわち，不確かさの伝ぱ則には本質的に一次近似が含ま
れている．しかし，測定モデルの非線形性が無視し得ない場合や，測定モデル
が測定対象量に対する陽関数として表せないときには，一次近似が適当でない，
あるいは測定モデルを解析的に微分できないという場合が存在する．そのよう
な場合，不確かさの伝ぱ則は使えなくなる．GUM 附属書 G.1.5 にこのことに
ついての言及があり，その言及の中の“数値的な方法”が本文書で説明されて
いる方法である．

　GUF では不確かさの合成の際必要となるのは入力量の値とその標準不確か
さであるが，本文書が提示する手法では入力量が従う確率分布が必要となる．
入力量の確率分布と測定モデルを用いて出力量の確率分布を求めることが本手
法の主軸である．出力量の確率分布が求まれば，その標準偏差から合成標準不
確かさが，また95%包含区間から拡張不確かさが求まる．出力量の確率分布
を解析的に計算することは一般に困難であるが，モンテカルロ法（Monte Carlo
Method）を用いて数値的に求めることが可能である．本文書が提示する手
続きに従ってモンテカルロ法を用い不確かさ評価を行う方法を，本文書では

GUF と対照させて MCM と略称している．以下でもこの略称を用いる．

(2) JCGM 101 の構成

適用範囲，引用文書，用語の定義，表記法の説明がそれぞれ箇条 4 までに与えられている．箇条 5 では基本的な手法の解説と不確かさの伝ぱ則との違いについて，箇条 6 では用いられる入力量の確率分布とその確率分布に従った乱数発生について，箇条 7 では MCM の実行方法と諸注意点について，箇条 8 では不確かさの伝ぱ則によって求められた不確かさを MCM によって妥当性確認する方法について書かれている．箇条 9 には事例が掲載されている．

(3) 特に重要な点

本手法の原理を**図 2.1** に示す．

GUF においては，タイプ B 評価では各入力量に何らかの確率分布を割り当てた上でその分布の標準偏差として標準不確かさを求めるが，タイプ A 評価では確率分布の割り当ては必要ではない．一方，MCM では，図 2.1 に示すよ

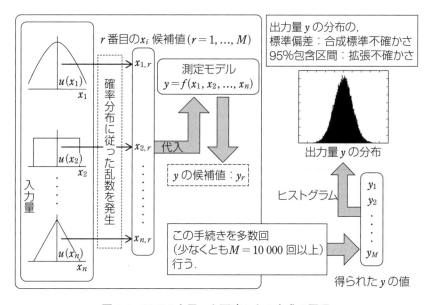

図 2.1　MCM を用いた不確かさの合成の原理

228　　　第2章　GUMに関わるJCGM文書の紹介

うに，全ての入力量に確率分布を割り当てる必要がある．タイプA評価する
入力量にどのような確率分布を割り当てるかについては後述する．

　各入力量 $x_i (i = 1, ..., n)$ に割り当てた確率分布に従う乱数を一つ発生させる
と，その値 $x_{i,r}$ はその入力量の値の候補と考えることができる．全ての入力量
についてその候補値 $x_{i,r}$ を測定モデルに代入すると，出力量 y の値の候補 y_r が
一つ得られる．この手続きを M 回反復すれば，y の候補値 y_r が M 個得られる．
反復回数 M は最低でも 10 000 回以上，できれば 1 000 000 回程度行うことが
推奨されている．このようにして得られた M 個の出力値 y_r のヒストグラムを
描くと，出力量の近似的な確率分布が得られる．出力量の確率分布の標準偏差，
すなわち M 個の y_r の標準偏差が出力量の標準不確かさであり，これは GUF
における合成標準不確かさに相当する．また，ヒストグラムにおける y_r の
95％が含まれる最短の区間から 95％包含区間が求まる．確率分布が左右対称
であれば，その区間の半幅が拡張不確かさとなる．

　これから分かるように MCM は直感的に理解しやすい方法であり，一次近
似が含まれていないことや，偏微分の計算が不必要であることなどから，適用
範囲が広い．すなわち，測定モデルが解析的に微分できない場合や，出力量の
値を算出するアルゴリズムは存在するが数式として表せない場合でも，合成標
準不確かさを求めることができる．MCM は GUF のように単に標準不確かさ
を合成しているわけではなく，入力量の確率分布を合成し，出力量の確率分布
を求めている．したがって，本文書はこの手法を"不確かさの伝ぱ"ではなく
"分布の伝ぱ"と呼んでいる．

　MCM は，コンピュータにより繰返し計算を数多く行える環境があれば不確
かさ評価を行うことができることから，一次近似が含まれる GUF で求めた不
確かさが妥当であるかどうかをチェックする目的でしばしば用いられている．

　ただし，MCM には次のような問題点もある．それは，この方法の背後にあ
る統計理論が，GUF の背後にある統計理論とは異なることである．先に述べ
たように，MCM ではタイプA評価の対象とする入力量であっても確率分布を
設定する必要があるが．本文書ではタイプA評価する入力量について，"scaled

and shifted *t*-distribution"という分布を割り当てることとしている．この分布
は，タイプA評価のための測定で求めた一連の測定データを対象にしてベイ
ズの定理を一定の仮定の下で適用することで得られる分布であり，ベイズ統計
学の枠組みの中で導出される分布である．また，標準不確かさや拡張不確かさ
の定義・解釈についても，本文書はベイズ統計学に基づくものとなっている．
一方GUFでは，タイプB評価で扱う確率はベイズ統計学的な主観確率と解釈
されるものの，タイプA評価の方法，有効自由度の扱い，及び拡張不確かさ
の計算などを含めて，全体として頻度主義統計学の枠組みの中で組み立てられ
ている．その結果，GUFとMCMでは，求めた不確かさの大きさは一般に一
致しない．したがって，現在GUFによる不確かさが用いられているトレーサ
ビリティの仕組みの中にMCMを導入すると混乱が生じる可能性がある．

　JCGMは，現在，頻度主義統計学に基づく現行のGUMをベイズ統計学に基づ
くものに改訂する提案を行っている．しかし，すでに現行のGUMが広範囲に
使われていることから，この提案は国際的に受け入れられるに至っていない[*5]．
したがって，ベイズ統計学をベースにしたMCMを，例えば試験所認定制度
の上で全面的に採用することは現在のところ難しい．ただし，MCMは一次近
似に基づく不確かさの伝ぱ則が妥当かどうかを判断するなどの用途では有効で
ある．またJCGMでのGUM改訂を目指す活動はなお継続されているため，
今後の動向を注視する必要がある．

2.2 JCGM 102:2011
(ISO/IEC Guide 98-3 / Supplement 2:2011)

GUM Supplement 2：Extension to any number of output quantities
（複数の出力量がある場合への拡張）

[*5] W. Bich *et al*, Towards a new GUM—an update, *Metrologia*, **53**, S149-S159, 2016.

（1）概　要

本文書は，出力量（測定対象量）が複数ある場合の不確かさ評価の手順を説明している．複数の出力量がある場合とは，例えば，回帰分析を利用して回帰係数と y 切片の二つを求める場合，あるいは電圧と電流及びそれらの位相差から抵抗とリアクタンスの二つの量を求める場合などが挙げられる．複素数は二つの実数の組合せと考えられるので，インピーダンスや複素屈折率のように出力量が複素数となっている例も，このような場合に含まれる．

出力量が複数あっても，それぞれの出力量に個別に関心がある場合には，GUM に示された方法をそのまま適用するだけで十分である．しかし，得られた複数の出力量 $Y_j(j=1\sim m)$ の値が更に別の量 Z の値を求めるために利用される可能性がある場合には事情が異なる．これは，複数の Y_j はいずれも同じ入力量に依存するため，お互いの相関係数が一般にゼロでなく，その結果，Z の不確かさを評価するためには，各々の Y_j の不確かさだけでなく Y_j の間の相関係数も評価しておく必要があるからである．

GUM 附属書 H にも，複数の出力量がある不確かさ評価の事例（抵抗とリアクタンスを同時測定する事例 H.2 と，回帰分析を利用して温度計の補正関数を求める事例 H.3）が掲載されている．これらの事例からも分かるように，複数の出力量間の相関係数の計算も含めて行う不確かさの計算は煩雑になりやすい．本文書は，不確かさの伝ぱ則をベクトル・行列記法を用いて書き直すことにより，複数の出力量がある場合の合成標準不確かさと相関係数の計算を見通しよく進める方法を説明している．また，出力量が入力量の陽関数 $Y_j=f_j(X_1,X_2,...,X_N)$ として表される場合だけでなく，陰関数 $h_j(Y_1,...,Y_m,X_1,...,X_N)=0$ としてしか表せない場合にも，この方法が容易に適用可能であることを示している．

出力量がただ一つの場合には，"測定値 ± 拡張不確かさ"で決まる範囲は，包含区間を与える．出力量が m 個ある場合に包含区間に対応するものは，m 次元空間中の包含領域（coverage region）である．m 次元空間中において，指定した包含確率（例えば 95%）を与える包含領域は一通りには決まらない．本文書は，m 個の出力量が m 次元ガウス分布に従うと仮定できる場合の包含

領域として，m 次元楕円体の形をした領域，及び指定した値を下回らない包含確率を与える m 次元直方体の領域を定める方法を示している．

以上は，GUM に従って不確かさを評価する枠組みである GUF（GUM Uncertainty Framework）を複数出力量の場合に拡張する方法に関するものであるが，これだけでなく，JCGM 101 に記述されている MCM（Monte Carlo Method）を用いた不確かさ評価の手続きを複数出力量の場合に拡張する方法についても，詳細な解説を与えている．

(2) JCGM 102 の構成

適用範囲，引用文書，用語の定義，表記法の説明がそれぞれ箇条 4 までに与えられている．箇条 5 には，出力量が複数ある場合の不確かさ評価手続きの大きな流れが説明されている．箇条 6，箇条 7 には，それぞれ GUF 及び MCM を複数の出力量がある場合に拡張する方法の詳細が説明されている．箇条 8 には，MCM を用いて GUF の妥当性を検証するための短い記述が与えられている．最後に箇条 9 では，本文書の方法を実際に適用した次の四つの例が紹介されている．

(a) 二つの出力量が三つの入力量の一次結合で表されるモデル

(b) 直交座標(X_1, X_2)と極座標(R, Q)の間の変換のモデル

(c) 電気抵抗とリアクタンスの同時測定

(d) 抵抗温度計を用いた温度測定

例 (a) で仮定されている $Y_1 = X_1 + X_3$，$Y_2 = X_2 + X_3$ というモデルでは，二つの出力量が共通に量X_3を含むことから相関が生じる．測定モデルは線形であるため，GUF と MCM の間で大きな違いは生じない．特に標準不確かさと相関係数は，MCM での試行回数が十分大きければ厳密に一致する．例 (b) は，原点$(X_1, X_2) = (0, 0)$の付近において，X_1，X_2のわずかな変化が偏角 Q に大きな影響を与える非線形性の強いモデルである．この場合，GUF における不確かさの伝ぱ則では妥当な不確かさが得られない場合があることが示されている．例 (c) は GUM 附属書 H に含まれる例に少し修正を加えたもので，電圧，電流，それらの位相差の 3 入力量の同時測定を 6 回繰り返して得られたデータ

を基に，電気抵抗とリアクタンスの不確かさ及びそれらの相関係数をタイプA評価する例である．GUFとMCMでは，標準不確かさの大きさに違いが生じるが，これは計算手順の違いからくるのではなく，入力量に付与する共分散行列の違い（本文書では，GUFにおいては標本共分散行列を，MCMにおいてはベイズ統計学を根拠とする自由度5の三次元t分布の共分散行列を付与している）による．例 (d) は出力量である温度 θ が，方程式$(1+A\theta+B\theta^2)R_0-rR_\mathrm{s}=0$（ただし，$A$，$B$，$R_0$ は温度計の校正時に決まる定数，R_s は標準抵抗の値，r は温度計の抵抗と標準抵抗の比で，測定において直接求まる量）の解として得られる場合に，この式を θ についての陰関数として扱う例を示している．この例 (d) は，不確かさの伝ぱ則をベクトルと行列の記法を用いて扱う分かりやすい例になっている．

(3) 特に重要な点

本文書は，GUFとMCMの両方において，複数出力量への拡張を扱っている．このため，全体を理解するには，GUMだけでなくJCGM 101の理解も必要である．また，GUFとMCMの話が交互に現れることで，本文書が読みづらいと思う読者は少なくないであろう．しかし，MCMを除いた，GUFへの適用の部分は，それ単独で有用性は高く，かつ内容は簡明である．GUFに関わる部分について，その柱となる考え方は次のとおりである．

複数の出力量を表す m 個の測定モデル $Y_j=f_j(X_1,...,X_N)$（ただし $j=1,...,m$）は，ベクトル記法を用いると，

$$Y=f(X) \qquad\qquad\qquad\qquad\qquad\qquad\qquad\qquad (1)$$

と表せる．ここで，$X=(X_1,...,X_N)^\mathrm{T}$, $Y=(Y_1,...,Y_m)^\mathrm{T}$, $f(X)=(f_1(X),...,f_m(X))^\mathrm{T}$ はいずれもベクトル（Tはベクトルの転置を表す）である．Y の推定値（測定値）y は，入力量 X の推定値を x として $y=f(x)$ で与えられる．ここで，x に対する共分散行列 U_x を次のように定義する．

$$
U_x = \begin{bmatrix} u(x_1, x_1) & \cdots & u(x_1, x_N) \\ \vdots & \ddots & \vdots \\ u(x_N, x_1) & \cdots & u(x_N, x_N) \end{bmatrix} = \begin{bmatrix} u^2(x_1) & \cdots & u(x_1, x_N) \\ \vdots & \ddots & \vdots \\ u(x_N, x_1) & \cdots & u^2(x_N) \end{bmatrix} \cdots\cdots (2)
$$

ただし，$u(x_i, x_i) = u^2(x_i)$ は不確かさの分散（標準不確かさの二乗）を，$u(x_i, x_j) = r(x_i, x_j)u(x_i)u(x_j)$（ここで $r(x_i, x_j)$ は相関係数の推定値）は共分散を表す．y に対する共分散行列 U_y も同様に定義する．このとき U_y は U_x を用いて次から計算することができる．

$$
U_y = C_x\, U_x\, C_x{}^{\mathrm{T}} \cdots\cdots\cdots\cdots\cdots\cdots\cdots\cdots\cdots\cdots\cdots\cdots\cdots\cdots\cdots (3)
$$

ここで，C_x は，次の $m \times N$ 感度係数行列

$$
C_X = \begin{bmatrix} \dfrac{\partial f_1}{\partial X_1} & \cdots & \dfrac{\partial f_1}{\partial X_N} \\ \vdots & \ddots & \vdots \\ \dfrac{\partial f_m}{\partial X_1} & \cdots & \dfrac{\partial f_m}{\partial X_N} \end{bmatrix} \cdots\cdots\cdots\cdots\cdots\cdots\cdots\cdots\cdots\cdots\cdots\cdots (4)
$$

を，$X = x$ において評価したものである．式 (3) の対角成分は，不確かさの伝ぱ則（ただし入力量の間に相関がある場合）にほかならない．また非対角成分からは，二つの出力量 Y_i，Y_j 間の共分散の推定値 $u(y_i, y_j) = r(y_i, y_j)u(y_i)u(y_j)$ が求まる．これから相関係数の推定値 $r(x_i, x_j)$ は容易に計算できる．

2.3　JCGM 104:2009（ISO/IEC Guide 98-1:2009）

An introduction to the "Guide to the expression of uncertainty in measurement" and related documents（"測定における不確かさの表現のガイド" 及び関連文書の紹介）

(1) 概　　要

本文書は，GUM（JCGM 100）及びその補完文書（Supplement），並びにその他の GUM 関連文書の内容を紹介した導入文書である．関連文書の目的は GUM の解釈を助け，その適用を促進するものであり，GUM より広いスコー

プをもっているが，主に，連続量の測定を扱っている．

本文書は，不確かさとその評価方法に関連する各項目について，基本的な考え方を簡潔に紹介するとともに，どの JCGM 文書に詳しく記述されているかを示している．また，JCGM 文書は VIM（国際計量計測用語—基本及び一般概念並びに関連用語．JCGM 200, ISO/IEC Guide 99 に相当）及び ISO 3534（統計—用語と記号．JIS Z 8101 に相当）で定義された用語を用いており，説明の中にその用語が出てきたときに，用語の引用元が明示されている．最後に索引があるため，用語から検索したいときに便利である．

本文書では JCGM 文書について次のように述べている．すなわち，科学や産業の各分野の活動，健康，安全，環境に関わる校正・試験・検査機関，評価・認証機関を対象にしているが，それだけに限られるわけではない．その他，不確かさを考慮した検査基準を含めた製品仕様を決める製品の設計技術者や，教育コースの中で不確かさ評価技術を含めることができる教育関係者にも使ってもらいたい．不確かさ教育の結果，次世代を担う学生達が測定された量の値に伴う不確かさを理解し，評価し，表現することが望まれる．

(2) JCGM 104 の構成

適用範囲，引用文書の後に，以下の箇条で，不確かさ評価に関わる事項を簡明に紹介し，JCGM 文書との関連を説明している．

まず，箇条 3 では "不確かさとは何か？" を JCGM 100 の要約として説明している．箇条 4 では不確かさの評価と表現の基である確率理論の "概念と基本原則" を JCGM 105 の要約として説明している．

さらに，箇条 5 では，箇条 6, 箇条 7 の導入として "不確かさ評価の段階" を，①定式化段階と②計算段階に分けている．①は，測定において出力量 Y を明確にし，利用可能な知識を基に入力量 X の分布を明確にするモデル作成の段階（JCGM 103）である．②は，測定モデルを通して，入力量 X の分布から出力量 Y の分布を計算する段階（JCGM 100, JCGM 101, JCGM 102）である．箇条 6 "定式化の段階：測定モデルを立てる" では①の段階，箇条 7 "不確かさ計算の段階（分布の伝ぱと統合）" では②の段階を説明している．

さらに，箇条8 "適合性評価における不確かさ"（JCGM 106），箇条9 "最小二乗法の利用"（JCGM 107）と続き，最後に，付録Aとして略語一覧表が付記されている．なお，未発行のJCGM文書の内容については，構想又は草案を基にしていると思われる．

（3）特に重要な点

（a）不確かさとは何か？

箇条3では，測定の目的は測定対象量の情報を与えることであるが，測定は必ずしも完全ではなく，誤差を含むものであることを述べ，不確かさの導入を簡潔に述べている．

測定において重要なことは，測定対象量の情報をいかに表現するかということである．従来の誤差アプローチでは，測定対象量の最良推定値と共に，系統誤差と偶然誤差の推定値を表記していた．それに対して，GUMに基づく不確かさアプローチでは，測定対象量の最良推定値と共に，それに伴う不確かさを表記する．不確かさアプローチは，系統誤差と偶然誤差の両方を確率分布という同じ概念のもとにまとめ，測定の質とその評価方法を明確にした．

不確かさは，測定結果が測定対象量の値をどれだけよく表しているか，表していないかについて，評価者がどう考えているかを示している．すなわち，測定対象量についての評価者の知識は測定モデルに反映している．測定モデルには，利用可能な知識を基にして，入力量，相関，校正曲線，補正などの情報が含まれる．測定モデルを表す測定関数は，

$$Y = f(X_1, ..., X_N) \quad\cdots\cdots\cdots\cdots\cdots\cdots\cdots\cdots\cdots\cdots\cdots\cdots\cdots\cdots\cdots\cdots \text{(1)}$$

又は

$$h(Y, X_1, ..., X_N) = 0 \quad\cdots\cdots\cdots\cdots\cdots\cdots\cdots\cdots\cdots\cdots\cdots\cdots\cdots \text{(2)}$$

で表される．不確かさの評価は，測定モデルの入力量X_i，出力量Yの確率分布を知ることにより可能になる．測定対象量に関する利用可能な知識は，測定モデルを通して測定結果とその不確かさに要約される．しかし，測定モデルは，利用可能な知識に依存しており，誰が評価しても同一の測定関数，値になるわけではない．

236   第 2 章　GUM に関わる JCGM 文書の紹介

(b) 概念と基本原則

　箇条 4 では，箇条 3 に加え，不確かさの評価と表現の基にある確率理論の概念と基本原則が説明されている.

　不確かさは出力量 Y の確率分布を代表している. 確率分布は分布関数又は確率密度関数で表現される. Y の期待値が推定値，Y の標準偏差が標準不確かさに相当する. 測定モデルの測定関数と入力量 X_i の確率分布の知識から，分布の伝ぱ則（JCGM 101 ではこう表現している）により Y の確率分布を知ることができる. JCGM 100（GUM）では，入力量の間の相関を考慮した不確かさの伝ぱ則により Y の確率分布の標準偏差を計算する. このように，入力量の分布の知識は，最良推定値とそれに付随する標準不確かさに集約される.

　拡張不確かさに関連して，一般的に，一つの包含確率に対しては，左右対称になる包含区間及び最短包含区間の二つの包含区間が考えられる. JCGM 100 は前者しか扱っていないが，JCGM 101 は非対称分布及び後者の場合も扱っている.

(c) 定式化の段階：測定モデルを立てる

　箇条 6 では，不確かさ評価のスタートである測定モデルの設定方法が説明されている. 詳しくは，JCGM 103 は測定モデルの定式化のガイド，さらに，JCGM 101，JCGM 102 は入力量 X の確率分布の割り当てについて述べている.

　特に，JCGM 103 では，次の場合への拡張が含まれている.

　　① 　測定モデルの測定関数が前出（2）式の場合
　　② 　出力量が複数の場合（複素数の場合も含む）

　JCGM 100 は，出力量が一つで実数の場合，また，測定関数が前出（1）式である場合が中心になっており，上の①，②の場合について述べていない.

(d) 不確かさ計算段階（分布の伝ぱと統合）

　箇条 7 では，不確かさの計算段階について次の三つの方法を説明している.

　　① 　GUM 不確かさの枠組み：不確かさの伝ぱ則の利用（JCGM 100）
　　② 　解析的方法：確率分布の式が明確で数学的解析が可能な場合
　　③ 　MCM（Monte Carlo Method）：分布の伝ぱ則についての数値解析

（JCGM 101）

箇条7では，①と③の手順をフローチャートの形で説明している．

さらに，JCGM 102は，出力量が複数の場合の測定モデルでの計算を述べている．行列形式が導入され，ソフトウェア，一般系への展開．複数の出力量への拡張への応用を容易にしている．

（e）最小二乗法の応用

箇条9では，校正やモデリングの中で検討される，複数の変数の間の関数関係を確立するための最小二乗法が説明されている．JCGM 107で，変数が不確かさをもつ場合にも適用される最小二乗法として次の二つの問題を扱っている．

① 線形又は非線形曲線への当てはめ問題

② 物理現象におけるパラメータの推定のための一般化当てはめ問題

これらは，当てはめの式自体の不確かさを求める場合と当てはめの式の中のパラメータの値とその不確かさを求める場合に相当する．

JCGM 107は，たたみ込み積分の評価，基礎物理定数の調整，試験所間比較データの解析などの問題も対象としている．また，出力量が一つでない場合も扱っており，そのために便利な行列形式が活用されている．

2.4　JCGM 106:2012（ISO/IEC Guide 98-4:2012）

> The role of measurement uncertainty in conformity assessment
> （適合性評価における測定不確かさの役割）

（1）概　　要

本文書は，適合性評価を行う上で，測定の不確かさをどのように考慮すべきかを示したガイドであり，一連のGUM関連文書の中でも社会的なインパクトが高いものの一つである．

適合性評価とは，製品，プロセス，システム等が，規格等によって定められた基準に適合しているか否かを，測定結果を基に判定するための活動である．

238   第 2 章　GUM に関わる JCGM 文書の紹介

例えば，合否判定の基準として上限値と下限値を定め，測定値が，それらの間
にあれば合格とし，それらの間になければ不合格とすることは，適合性評価の
一例である．一見すると単純なプロセスではあるが，測定値には不確かさが付
随するため，結果として誤った判定を行ってしまうリスク（危険性）が生じる．
こうした誤った判定の影響は，例えば出荷製品の場合，供給する側（生産者側）
と受け入れる側（消費者側）で異なる．このため，リスクの評価を行い，管理
をすることが重要である．

　本文書は，適合性評価における不確かさの役割を解説するとともに，不確か
さに伴う誤った判定を行うリスクを評価・管理するためのガイドである．

(2) JCGM 106 の構成

　本文書は，まず，箇条 1 から箇条 6 にかけて，用語や記号の定義と，適合性
評価の基本や，"確率密度関数"（Probability Density Function, PDF）及びベイ
ズ統計学などの数学的・統計学的な背景の説明を行い，箇条 7 で測定の不確か
さと適合性評価の関係を詳細に解説している．箇条 8 及び箇条 9 で具体的な例
の解説をしている．箇条 8 は，一つの測定対象に対しての簡単な適合性評価の
場合，及び，後で詳しく述べるが，ガードバンドを設定する場合について解説
している．箇条 9 では，同じ公称値をもつ複数の測定対象（例えば同一の生産
ロットの製品群など）を対象にした場合について解説している．それぞれ定性
的な解説と共に，定量的な計算例として分布形が異なる複数の事例を紹介して
いる．

(3) 特に重要な点

(a) 適合性評価における誤判定のリスクと不確かさとの関係

　適合性評価において，規格等に定められた基準には大きく分けて次の三つの
場合がある．

　　① 　上側許容限界値 T_U が与えられ，その値以下が許容される範囲である
　　　　場合．

　　② 　下側許容限界値 T_L が与えられ，その値以上が許容される範囲である
　　　　場合．

2.4 JCGM 106:2012

③ 上側及び下側の両側の許容限界値（T_UとT_L）が与えられ，それらの値の間が許容される範囲である場合．

ここで，規格等で許容される範囲を"許容範囲"(tolerance interval)と呼び，測定値が許容範囲にあれば，基準を満たしている，すなわち"適合"と判定される．ただし，上の基準で，"以上"か"より上"か"以下"か"より下"かは決められたルールに従う．

ここでは，簡単な適合性評価の一例として，対象が出荷製品の特性で，上側許容限界値T_Uが与えられている①の場合について考える．**図 2.2** は，T_Uを境に生じ得る二つのケース（A），（B）を図示したものである．（A）では，出荷製品の特性に対する測定値yが許容範囲内にあるため，その製品は適合と判定され，出荷される．（B）ではyは許容範囲外にあり，不適合と判定されて出荷されない．しかし測定値yには不確かさがあるため，その製品特性の真の値ηはyの周りでいろいろな値を取る可能性がある．図 2.2 に描いた二つの分布

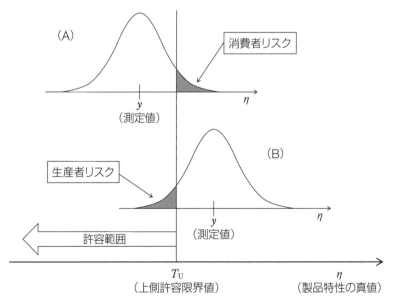

図 2.2　適合性評価における判定とそのリスク

240   第2章　GUM に関わる JCGM 文書の紹介

はこのような η の PDF を表している．(A) の場合，PDF の一部は上側許容限
界値 T_U より大きい η をもっており，このような製品は本来は不適合品である．
PDF のこの部分の面積は，適合品と判定した特定の製品が実際は不適合品で
ある確率を表しており，消費者リスクと呼ばれている．同様に (B) の PDF
のうち T_U より小さい η をもつ部分の面積は，不適合品と判定された特定の製
品が実際は適合品である確率を表し，生産者リスクと呼ばれている．

　測定値 y に基づいて判定するときに，この判定が誤っている危険性があるこ
とは，上述の②や③の場合も同様である．本文書の箇条 7 では，測定値とその
不確かさを PDF で表したときの，こうした誤った判定をする確率を計算する
方法を説明している．測定値 y の拡張不確かさを U とし，上の③の場合におけ
る許容範囲の幅を T としよう（$T = T_U - T_L$）．測定値 y が同じであれば，U を
小さくすると，誤った判定をする確率を小さくすることができる．箇条 7 では，
許容範囲の幅 T と拡張不確かさ U との相対比を測定能力指数 $C_m = T/(2U)$ と
して導入し，C_m の値を大きくすることによって誤った判定の確率を低減でき
ることを説明している．また，上限値と下限値とで表される許容範囲の中での
測定値の位置によって C_m の値とリスクとの関係は変わってくることを説明し
ている．

　(b) ガードバンドを設定する方法

　測定の不確かさを小さくするためには，測定装置を高性能なものに変更する
ことや，測定の繰り返し数を増やすことなどが必要となり，一般的には測定の
コストの増大を伴う．単価の安い大量生産品の場合には，現実的にこうした選
択ができないケースも多い．このため，決められた許容範囲とは別に，リスク
管理のために上側受入限界値 A_U と下側受入限界値 A_L を決めて，"受入範囲"
(acceptance interval) を設定する方法がある．

　図 **2.3** のように，受入範囲を許容範囲よりも狭く設定し，測定値が受入範囲
内にある場合のみを合格とすることにより，消費者リスク，すなわち適合と判
断した品物の中に不適合品が混入する確率を減らすことができる．許容範囲と
受入範囲の差を "ガードバンド" と呼ぶ．

本文書の箇条8では，ガードバンドの設定方法と，リスクの計算を示している．また，1回の測定データを基に適合性の判定を行う際にガードバンドを設けることの意義の分かりやすい説明として，速度違反の取り締まりの例や，生体試料からの化学物質の検出の例を挙げている．

(c) 消費者リスクと生産者リスク

ガードバンドの設定により，消費者リスクも生産者リスクも共に変化する．上で述べたように，受入範囲を許容範囲より狭く設定することで，消費者リスクは小さくなる．許容範囲を超えたものが消費者の手に渡る確率が低減される点では，消費者側にとって有益である．しかし同時に，本来は適合品であるものを不合格と誤判定する確率（生産者リスク）が増大することになり，生産者にとってはコストが増大する．

図 2.3 の例示とは逆に，受入範囲を許容範囲と比べて広く，すなわちガードバンドを許容範囲の外側に設定することも可能である．このときは，生産者リスクが減り，消費者リスクが増えることになる．このような方法は，消費者側が受入検査を行うときに採用されることがある．また，生産者側では，製品が高価であり，その後の工程の中で確実に不適合品を排除できるようなシステムをもっている場合に適用されることがあるが，あまり一般的ではない．

このように，受入限界を合理的に選び設定するためには，消費者リスクと生

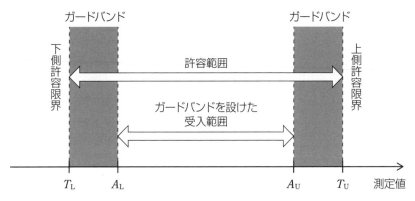

図 2.3　ガードバンドを設定した受入範囲

産者リスクとを評価し，全体としてのコストを総合的に評価することが重要である．

　箇条 9 では，複数の同種の製品（例えば一つの生産ロット）が全体として許容できるレベルの信頼性を確保する際のリスクを評価する実例を示している．受入限界の設定の計算例として，ボールベアリングの生産（9.5.4.1）への適用例と，一般化した形で正規分布により表される生産品の判定リスクを図表を用いて計算する例（9.5.5 から 9.5.6）との二つの計算事例が示されている．

　試験所認定の分野では，国際試験所認定協力機構（ILAC）において，既にガイド文書 ILAC G8 で不確かさの考慮を求めているが，さらに統計学的な観点からガードバンドを設定する方法についての指針を定める動きもある．消費者側の立場，生産者側の立場それぞれにおいて，受入範囲やガードバンドの設定方法から受けるリスクや負担するコストは異なってくる．それだけに，影響を正しく評価し，全体として必要な判定の信頼性を確保しつつ，コストが下がる方向で双方が合意しながら設定することを目指すべきである．本文書はそのための理論的基礎を提供している．

付録　GUM に関連する情報源の紹介

GUM に関連する情報源として下記のようなものがある.

1.　NMIJ 不確かさ Web

　産業技術総合研究所 物質計測標準研究部門 計量標準基盤研究グループが管理する, 測定における不確かさについてのウェブサイトである. 初心者用の不確かさに関するテキストや, 不確かさに関する文献の紹介など, GUM や不確かさ評価について多くの情報がある. また, 定期的に開催される講習会や不確かさクラブ総会, 不確かさの事例研究発表会等についての情報も掲載されている.

　　・不確かさ Web の URL：

　　　https://unit.aist.go.jp/mcml/rg-mi/uncertainty/uncertainty.html

2.　NITE 公開文書

　製品評価技術基盤機構（NITE）認定センター（IAJapan）では, 試験や校正において不確かさの正しい評価が必要不可欠であることから, 海外で出版された解説書の翻訳権を取得し, 日本語訳を公開している.

　（1）ASG104-05（不確かさの入門ガイド）

　　・URL：http://www.nite.go.jp/data/000050641.pdf

　入門者向けの解説書で, 原書は英国の国家計量標準機関である NPL（National Physical Laboratory）の研究者である S. Bell 氏が執筆したものである. 紐の長さの測定など身近な話題から出発し, 不確かさの要因の検討など, 不確かさ

244   付録　GUM に関連する情報源の紹介

評価の本質的な部分が平易に解説されている.

(2) JCG200-07（校正における測定の不確かさの評価）

　　・URL：http://www.nite.go.jp/data/000022114.pdf

ヨーロッパの認定機関である EA（European co-operation for Accreditation）
の公開文書 EA-4/02（Evaluation of the Uncertainty of Measurement in Calibra-
tion）を翻訳したものである．GUM による不確かさ評価の主要な部分を抽出し,
要約している.

　GUM は，元々がガイド文書であることから，規定と併せて詳細な数学的な
背景も記載してあり情報量が多いのに対し，この文書では規定の記述に重点を
絞ってあり，背景についての解説も必要最低限に留めている．このため,
GUM による不確かさ評価の流れをこの文書で身に付け，さらに深く追究する
際に，様々なケースについての解説も含んだ GUM を参照する学習方法を採る
人も多い.

3.　NMIA のモノグラフ

　"Statistical background to the ISO Guide to the expression of uncertainty in
measurement, Monograph 2: NMI Technology Transfer Series"
Robert B. Frenkel　著

　オーストラリアの国家計量標準機関である NMIA（National Measurement
Institute, Australia）が発行するモノグラフの一つである．GUM に関連する統
計学の背景を解説している．現在の GUM のほかに，今後注目される可能性が
あるベイズ統計学を基にしたタイプ A 不確かさの評価について解説する章も
あり，GUM の統計学的背景を詳細に学習するために適した教材の一つである
（有料，電子版もある）.

4. NIST Uncertainty Machine

モンテカルロ法による分布の伝ぱの計算（本章2.1参照）を，ウェブサイト上で行うことができるツールを，米国の国家計量標準機関である NIST が公開している.

　・NIST Uncertainty Machine の URL：https://uncertainty.nist.gov/
　・NIST Uncertainty Machine の取扱い説明書：
　https://uncertainty.nist.gov/NISTUncertaintyMachine-UserManual.pdf
取扱い説明書には様々な不確かさ評価の事例も掲載されている.

測定における不確かさの表現のガイド
[**GUM**] ハンドブック

2018 年 6 月 27 日	第 1 版第 1 刷発行
2024 年 5 月 27 日	第 4 刷発行

編集委員長　今井　秀孝

発 行 者　朝日　　弘

発 行 所　一般財団法人 日本規格協会

　　　　　〒 108-0073　東京都港区三田 3 丁目 11-28　三田 Avanti
　　　　　https://www.jsa.or.jp/
　　　　　振替　00160-2-195146

製　　　作　日本規格協会ソリューションズ株式会社

印 刷 所　日本ハイコム株式会社

製 作 協 力　株式会社 大知

© Hidetaka Imai, et al., 2018　　　　　　　　Printed in Japan
ISBN978-4-542-30705-6

● 当会発行図書，海外規格のお求めは，下記をご利用ください．
　JSA Webdesk（オンライン注文）：https://webdesk.jsa.or.jp/
　電話：050-1742-6256　E-mail：csd@jsa.or.jp